艺术与科学

从野生茄子到三宅一生

[法]卢瓦克·芒让 著

陈新华 译

序　言

　　艺术和科学……这是两个创造性的职业，人们要求其从业者拥有想象力。它们的目标在于，以各自的方式获取其他人的赞同。艺术家靠的是作品在每个人身上激起的情感（好的或坏的）、共鸣。科学家则通过遵循这样一些认识依据，它们使某个论证具有说服力，某个实验具有可重复性，其结论经得起考验。

　　然而，这两个职业在不少方面是对立的。艺术上的卓越体现在结果上。这幅画是如何画出来的，这无关紧要，对于公众而言，重要的是它所激发出来的东西：反思、愤怒、赞美、愉悦、沉思、认识……在美食学上同样如此：要赞美一道菜的美味，人们并不需要去一趟厨房。相反，在科学上，卓越乃是程序性的：一个实验被判定为是可接受的，并不基于它所给出的结果，而是通过准确度、明晰性、论证程序的可重复性。艺术可以让人惊叹，或者造成刺激，而科学对于它所激起的情感无动于衷：我们的科学发现并非为了造成刺激，也不是为了让人安心，亦不是美化或丑化世界。在艺术上，结果常常是在预期内的，内在于艺术家的意志……在某种程度上如此。在科学上，一旦问题被提出来，未来的回答可能会让我们大吃一惊，因为即便一些结果是可以预期的，偶发的结果却永远不会被提前掌握。在艺术上，与在科学上相反，一件作品的成功首先是个人事务，甚至是私人的。它在公众中能否取得成功，取决于它在每个人身上所获得的认同的普遍程度：人们几乎可以投票表决！在科学中，人们永远不会为一项结果的有效性而投票。其有效性是由对认识依据的集体实践所产生、过滤出来的，诸如逻辑、精简原则、程序的透明度、对所有可资使用的相关论据的考量、关涉着事实和可能结果的最初的怀疑、通过仅有的自然（也就是现实世界）去解释自然的方法。这些都是进行否定或确证的集体工作的组成部分。在科学中，人们力图理性和集体地去解释现实世界，其工作成果，即成型和可靠的知识，是一笔可资使用的公共财产。在艺术中，人们力图在每个人身上开拓出一条意识的内在道路。不恰当地说，科学向您提供了有关现实世界的知识的共同基础，至于艺术，它们把您推上了一条个人轨道。

我们强化了这两个世界之间的对比，但它们因此就是各自为营的吗？本书的作者卢瓦克·芒让（Loïc Mangin）向我们指出，情况远非如此。从那些直至此前只是为了让我们感动的作品里，他将发掘出科学知识的部分。科学立足于作品，但它也被表现在作品中，如同作品的一部分，经过了艺术家的精挑细选。本书对于教养大有裨益，特别是在我们国家，科学对于我们，即法国人，所谓的"教养"而言并非必需品。在清谈阶层中，科学教养的缺乏是受到宽容的，有时甚至被视为是悲天悯人的表现。相反，对绘画、文学或者电影的无知被视作一种难以容忍的缺陷。也许，如果诸如卢瓦克·芒让这样的尝试能有所增加，科学或许就能偷偷潜入这些沙龙之中。

这本漂亮的书读来发人深省，也妙趣横生，希望在本书影响下，以后我们在讨论艺术时，也能随处提及。如果说知识的愉悦是美的一部分，那么本书将提升我们的教养……宽泛意义上的教养，您之后就会明白了。

纪尧姆·勒冠特尔（Guillaume Lecointre）

法国自然历史博物馆教授

前　言

提升感知能力

艺术和科学间的对话由来已久。毕达哥拉斯在音乐和数学方面都洞若观火，他发现了和谐的法则。直至中世纪，人们还在传授结合了算术、音乐、天文、修辞、辩论……的博雅教育。莱昂纳多·达·芬奇是文艺复兴的捍卫者，他在艺术和科学方面都出类拔萃。伽利略和笛卡尔都经过了艺术和哲学上的教养。直至17世纪，艺术和科学还是不可分割的。之后，随着知识与日俱增，并走向专业化，二者便分道扬镳了。大体而言，一个人要么是艺术家，要么是科学家。

几十年以来，这一演变发生了逆转，人们不再考虑架设在这两个领域之间的天桥。由此，一些专家在它们身上看到了重要的共同之处，比如，创造性在这两种活动中所发挥的作用。它包含着类似的方式，并且对于探索未知世界的艺术家和研究者都不可或缺，前者走在作品的道路上，后者则走在发现的道路上。

在大型实验室中开设的各种艺术家驻地，诸如欧洲核子研究组织（CERN）、法国原子能和替代能源委员会（CEA）、居里研究院……人们汇聚一堂，共同思考，相互启迪。在那里，科学家被要求站在一边，重新审视他们的实践，改变他们的视点。反过来，艺术家发现了全新的探索领域，对这个世界提出了新的问题并进行创造。在这些对话过程中，艺术带来了一种新的思考气候之未来或放射性废料之发展的方式。我们几乎可以倒转乔治·布拉克（Georges Braque）的这句话："艺术造成困扰，科学则安定人心。"

艺术和科学间和解的最新证据是，巴黎综合理工学院、国立高等装饰艺术学院和达尼埃尔与尼娜·卡拉索基金会于 2017 年设立了艺术—科学讲席。

艺术和科学之间还有另一座桥梁，它表现在艺术家在实验室里发现的新媒介之中。随着 20 世纪 80 年代到来，科学家—艺术家应运而生，情况便出现以来更是如此，因为对科学家—艺术家而言，数码、遗传学、数学、机器人技术……取代了画笔。

科学同样在艺术史方面有话可说：正是那些科学家，他们在分光计、色谱分析仪、粒子加速器……的帮助下让历史开口说话，并揭示了隐藏在某些作品中的秘密，比如维洛奈思的《加纳的婚礼》，他在创作中的犹豫经 X 线照相而昭然若揭。

终于，有了在我看来还无人涉足的道路，我选择走下去。用科学家的眼睛去看一件艺术作品，以从中挖掘出其他可资讲述的东西，查漏补缺，丰富情感，提升感知能力。司空见惯的是，艺术家自己也没有意识到他在其绘画或雕刻作品中加入的"科学内容"。无论如何，它就在那里，数不胜数的作品有待被解读，有些是举世知名的，想必您也知晓的经典作品。不过，您可能已经将一些科学知识抛诸脑后了……请允许我在您参观期间帮您把它们找出来！

卢瓦克·芒让

計划｜参观

I

动植物馆

野生茄子史

如何描述驯化茄子的重要阶段？

查阅古代中国的著作，其中一些还加了插图。

在土耳其，有这样一种信仰，梦到三个茄子是大吉大利的征兆。同样是在这个国家，人们以发明了一千种拿它当主角的菜谱为傲。这样的声望表现了该地区对于这种蔬菜根深蒂固的看法。它被驯化了吗？这个问题难以作答，因为描述人类将某一野生植物占为己有的历史很少成功，除非通过基因分析，或者当人们掌握多种样本之时。

在许多蔬菜的案例中，专家们疲于猜测，因为他们缺乏信息，尤其是考古学上的证明。然而，位于北京的中国科学院植物研究所的王锦秀和伦敦自然博物馆的桑德拉·纳普成功重建了茄子（栽培茄[1]）驯化的阶段。通过什么手段呢？他们查阅了例证丰富的中国古代文献以及关于这种蔬菜的插图（下页）。他们揭示了驯化的过程和中国菜农的三个主要特征。

20 世纪 90 年代初，伯明翰大学的农学家理查德·莱斯特和他的同事们提出，茄子是野生品种 Solanum incanum 的衍生物，一种生长在北非和中东的植物。它一开始是种装饰性的植物，而后在数次往返于东、西方的"旅程"中，被亚洲的耕作者挑选了出来。除

---

1 译注：原文 "Solanum melongena" 为拉丁文

茄子

匿名，《履巉岩本草》，1220

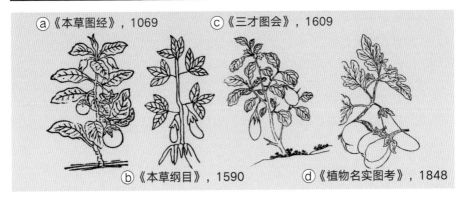

ⓐ《本草图经》，1069 ⓒ《三才图会》，1609

ⓑ《本草纲目》，1590 ⓓ《植物名实图考》，1848

此之外，我们对茄子的驯化不甚了了，数个地区被视为其诞生地：印度、中国东南部、泰国、缅甸……正是在这点上，中国的文献发挥了作用。

这些文献记载源远流长，不绝如缕，这就意味着我们拥有所有时代的著作，而且它们前后连贯。在这些植物学书籍、历史档案、农业手册、地方志以及类书（各种百科全书）——诸如帝国百科全书《古今图书集成》和《四库全书》中，我们发现了众多茄子的记录。总计有 75 本书籍派上了用场。我们从中了解到了什么呢？

首先，最古老的关于茄子的证据存在于《僮约》中，它出自公元前 59 年一个叫王褒的人之手。因此，在这个时期，茄子已经被驯化了，尤其在位于中国西南部的成都。

接着，它们还表现出了数个世纪中最被挑选者在意的几个特征：大小、形状和口味。在公元 6 世纪，据《齐民要术》记载，茄子长得很小。1069 年，第一幅已知的该蔬菜的绘画出现在了《本草图经》中（图 a）：图中的果实呈圆形，作物身上没有刺。在不到 200 年之后的 1220 年，在《履巉岩本草》的一幅插图上，我们可以看到紫红色的茄子，它们比起以前的茄子更长一些，体积更大一些。在之后的 16 世纪，李时珍在《本草纲目》中描绘了直径从 7 厘米到 10 厘米的茄子。1726 年，《江县县志》提到了一种质量超过 1.5 千克的茄子！因此，中国的耕作者选出来的茄子越来越大。

直至 14 世纪，中国的茄子都是圆形的。它们是之后才变长的，就如我们在《本草纲目》（图 b）中所看到的。1609 年，《三才图会》同样描绘了卵球形的果实（图 c）。在一个世纪之后的明王朝，众多种类的茄子被培育了出来，圆形的、卵球形的、长的、细的……1848 年，著名的植物学论著《植物名实图考》描绘了分布最为广泛的茄子（图 d）。

目录学的资源同样呈现了茄子口味的演化。在公元 6、7 世纪，茄子并不受喜爱，但它得到了改良，在 9 世纪变得"可口"了。之后，黄庭坚写了好几首诗赞美一种白色茄子的滋味，它甚至可以生吃，但在今天就行不通了（因为皂素的发现）。

因此，中国应该是我们今天所食用的茄子的诞生地。此外，中国具有多达约 200 个地方性茄子种类，是首个世界性的茄子生产国，每年产量达 1600 万吨（超过全球产量的 50%）。由这些发现可以得出的另一个结论是，除考古学和遗传学之外，对于植物驯化的研究自此以后具备了第三根支柱——目录学。

树的形状

莱昂纳多·达·芬奇发现了一条有关树枝直径的法则。
数码模型证实了这一法则，并表明它与最佳抗风方式相符。

　　莱昂纳多·达·芬奇始终在自己作品中关注现实。在树的问题上尤其如此，它们看上去比自然状态还要真实，比如在收藏于佛罗伦萨的《博士来拜》中或各种各样的素描中都能看到（下页）。为了达到这种程度的现实主义，他沉浸在观察中，这些观察使他提出了一个假设。我们可以在《达·芬奇笔记》中读到（第8页，草图一并呈现）：一棵树无论有多高，当它的枝条聚拢在一起的时候，它们便拥有和树干同样的截面。换言之，当一根直径为 D 的树枝分成 N 根直径为 d_i 的次生树枝（i 从 1 到 N 不等）时，下述关系便可以得到证明：$\pi D^2/4 = \pi d_1^2/4 + \pi d_2^2/4 \ldots + \pi d_N^2/4$。我们可以用更为简洁的方式写成：$D^\Delta = \Sigma d_i^\Delta$，i 从 1 到 N 不等，这里的 $\Delta = 2$。

　　当人们要去表现一棵现实的树时，莱昂纳多所说的这条法则就会被应用于大多数计算机程序中。然而，这条经验法则得到确证了吗？对此感兴趣的专家寥寥，但在那些验证过莱昂纳多·达·芬奇这条法则的人之中，最有名的是法国数学家伯努瓦·曼德勃罗。他收集了为数不多的既有研究，并指出，对于诸多树种来说，指数 Δ 略低于 2。这一观察有利于莱昂纳多·达·芬奇。然而，这一指数的值表达的是什么呢？演化的偶然性还是物理定律？

6

莱昂纳多·达·芬奇（1452—1519），《树的研究》

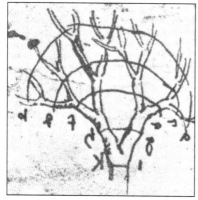
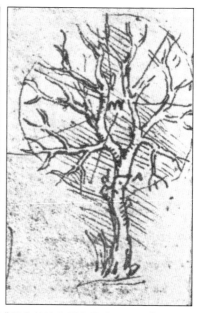

草图和评论摘自《达·芬奇笔记》(《画家的植物学和风景画要素》部分)。
左侧:"每年,当一棵树的树枝发育成熟,把这些树枝放在一起,就会发现
它们的截面和树干的等同。在树枝分叉的每一个阶段,截面 gh、ef、cd、ab
因此等于 ik,——除非树枝被修剪过。右侧:在莱昂纳多看来,所有的树枝
都指向树的中心 m。

在 20 世纪 60 年代和 70 年代,两种模式被设计出来用以说明
这一法则。第一种模式假设,树是一束束相同的导管,它们从根延
伸到叶子。那么,次生树枝便来源于母枝的导管束的分化。莱昂纳
多·达·芬奇的法则因而成了一种不言自明的说法,因为在分化前后,
存在着同样多的导管,它们具有相同的直径,

树枝的直径是树适应
风的结果。

第二个模式建立在这样一种观念的基础上,
在一棵树上,一根次生枝在其自身重量(因

此也就是其直径）作用下，相对于其母枝的偏斜与树干相对于其最细的树枝的偏斜是一致的。然而，这两种模式都经不起分析。例如，在粗大的枝条和树干上，只有5%的树枝的截面是保留给汁液导管的，而非第一种模式所假定的全部。第二种则没有任何一种演化论论据能够支撑。

艾克斯—马赛大学的克里斯朵夫·埃洛伊提出了另外一种结构性质上的解释。在这位物理学家看来，莱昂纳多法则的关键之处在于树对风的阻力。为了表明这一点，他试图在一种相反的工程学过程中，用可能的最少的材料（我们假设树会精减其资源）来建立一种乔木状的结构，它也能最有效地经受住风吹。首先，这个结构应该是分形的，其维数在2到3之间，这符合植物学家对树的形状的认识。这用如下必然规律就能解释得通：通过最少的物质去接收最多的光。上述分形性质规定了每一条树枝的长度。这位物理学家同样假设，所有植物在风中的扯断强度都是一致的。

这种树的模型接下来便经受了虚拟的风的考验，以测验其阻力。气流对每一根树枝都造成了拖拽力，在超过某一阈值之后便造成了它们的断裂。对于某一已知的风而言，唯一的变量是树枝的厚度，人们可以对之进行修改以得到最为坚固的树。最后，人们便找到了莱昂纳多从其观察中推导出来的法则！树枝的直径是树适应风的结果。

这一适应机械压力的成长现象被植物学家称为接触形态反映。不对称的树是绝佳的例子，它们生长在这样的地区，那里的风频繁地往一边吹，尤其是在海边。诚如莱昂纳多·达·芬奇所言："在大自然中，一切终有原因。"

地图和海狸毛皮

在维米尔的《军官和微笑的女孩》上，

一个男子戴着海狸毛帽子，这种珍贵材料的加工业和一些欧洲物种的消失相

关。在背景里，一张地图让人产生好奇……

荷兰，1658 年左右。联合王国（荷兰的旧名）宣布了独立，摆脱持续了近 80 年的西班牙的统治，这种独立在 1609 年就几乎通行无阻了。战争最后在 1648 年告终，军人恢复了平民生活，有大把时间去调情。1658 年，约翰内斯·维米尔 (1632—1675) 在《军官和微笑的女孩》（下页）中所画的正是这样一个片段，这幅画收藏于纽约。

一个军人背对着观众，他穿着鲜艳的红色制服，戴了一顶硕大的黑帽子——我们之后回到这点上——正向一个接待她的女孩发表长篇大论，无疑是想赢得她的芳心。我们要指出的是，在一个未婚女子面前脱下帽子的习俗当时还是不被接受的。在背景里的墙上，一张地图让人感到吃惊。

地图名为：荷兰和弗里兰最新精准地形图。它描绘了新的联合王国（荷兰和弗里兰是它的两个组成部分）的西部地区，该地区面向大海，西方国家则位于地图的顶端。这一定位传达的是那个时期最重要的关切：联合王国"转向"了北海，以及公海，这对于一个征服了世界的海洋民族来说是自然而然的。我们可以在维米尔的其

约翰内斯·维米尔（1632—1675）
《军官和微笑的女孩》

他画作中找到这幅地图，比如《读信的蓝衣妇女》。

我们同样可以观察到，大地是蓝色的，而大海是栗色的。为什么维米尔颠倒了色彩呢？我们对此视若无睹，但牛津大学的历史学家卜正民自问：这位画家是不是影射因为和平的回归而导致的军人声望的变化？

让我们回到帽子的问题。在这个时代，也就是17世纪中叶，所有的荷兰人都戴帽子，从最简单的被称为 klapmuts 的无边软帽，到最负盛名的军官戴的大盖帽。这种物品是毛毡制成的，一种由动物的毛黏合而成的织物。在这一时期，海狸的毛毡是时兴的材料，所有具有高等社会地位的个人都应该拥有一顶用这种材料做成的帽子，这种材料的历史值得描述一下。

制造这种毛毡的首要材料并非完整的动物皮毛，而是下层绒毛（不同于长毛的短而密集的毛）。实际上，在显微镜下，我们可以观察到所有的纤维表面都交叠着鳞状物（倒钩）。这些粗糙的表面有利于黏合，因而有利于制成毛状。实际上，海狸毛毡坚韧而柔软，即便受了潮也不会变形。

制帽工人将下层绒毛放在醋酸铜、阿拉伯胶和水银的混合物里炖煮，再经过挤压和干燥之后就能得到质量绝佳的毛毡，被专门用来制作最好的帽子。我们注意到，经常被人们提到的制帽工人的疯癫——比如在《爱丽丝漫游仙境》中提到过——很可能源于混合物中有毒的蒸汽。

制帽工人的疯癫是由有毒的水银蒸汽造成的。

直至15世纪，人们使用的是西欧的河狸，但这种动物成了自身成功的牺牲品，并从其自然栖息地中消失了。人们便把目光投向斯堪的纳维亚的河狸，但同样的原因导致了同样的结果，河狸皮帽子销声匿迹了。

在 16 世纪，可供制帽工人使用的只有羊的毛毡了，一种粗糙得多的材料。人们有时也会添加兔毛，以助黏合，但由此而来的毛毡并不结实。总之，兔子的毛毡吸水，一旦受潮便会变形，和河狸的毛毡正相反。底层荷兰人的 klapmuts 用的是兔子的毛毡。

随着和美洲印第安人的贸易的发展，情况自 16 世纪末开始改变了。法国人萨缪尔·德·尚普兰（1567—1635）是这种交易的先驱之一。在 16 世纪 80 年代，当第一批皮革运抵欧洲后，需求剧增，河狸皮帽子死灰复燃。这些商品按照黄金价格出售，以至于"二手海狸皮帽"市场蓬勃发展了起来。然而，这些活动很快就受到了官方的管控，他们担心那些由虱子造成的疾病。

维米尔在代尔夫特城享有受人尊敬的地位，他肯定也拥有一顶海狸皮帽。也许画中的就是这顶帽子。

不可能存在的马

在玛丽 – 安托瓦内特的骑马肖像上，
这位女王的马的姿态古怪，不符合现实。
此外，某些解剖学特征被故意夸张了。

从拉斯科（Lascaux）岩洞的壁画到瓦西里·康定斯基（Vassily Kandinsky）大量的画作，马始终是画家酷爱的主题。因此，即便局限于所谓的古典时期，即从 16 世纪末期到 19 世纪初，骑马肖像的数量依然惊人。我们可以举其中最为著名的例子：《圣乔治大战恶龙》（拉斐尔，1504）；《奥利瓦雷斯伯公爵骑马肖像》（德格·维莱斯奎斯，1634）；《波拿巴穿越大圣伯纳德山口》（雅克—路易·大卫，1800）；《轻骑兵军官在冲锋》（西奥多·杰利柯，1812）……

在大部分的画上，所有对马的描绘都是错的！绘于 17 至 18 世纪的那些尤其如此。为了解释这一点，让我们关注一下由路易—奥古斯特·布朗绘于 1783 年，现今收藏于凡尔赛宫的《玛丽 – 安托瓦内特皇后骑马肖像》（下页）。

皇后的坐骑被描绘成某种直立状，它的四肢被画成对称的样子，前肢着地，后肢悬空。马正向前冲锋。然而这种姿态实际上完全不对称。在 19 世纪末，第一批电影的拍摄和实验，尤其是出自埃德沃德·迈布里奇（1830—1904) 的那些，分解了冲锋的连贯动作，它对于我们的视网膜而言速度过快。它是以如下方式分解的：一条

路易—奥古斯特·布朗（1758—1815）
《玛丽－安托瓦内特皇后骑马肖像》

15

后肢处于着地的姿势；另一条后肢和一条完全反向的前肢的姿势；另一条前肢的姿势；四肢均不着地的悬空阶段。在最后一步中，四肢聚拢在身体下方，而不是展开，我们可以在一些画中看到这一展开的错误姿态，例如杰利柯绘于爱普森的《1821年的德比》，画中的马"腹朝黄土"飞驰着。

玛丽-安托瓦内特皇后的马的姿势，即直立的同时，前肢向前迈出，这在17和18世纪的画作中具有代表性。另一种经常被描绘的姿态是昂首疾驰，四肢抬得远高于自然状态。

画家的另一种夸张涉及马的构造和比例：头和耳朵都很小，尤其是后者，马蹄显得有些太大，眼睛也被画得过大，最后，肌肉画得尤其仔细，且被突出。这些因素都是艺术家刻意为之的选择，他们是想"改造"动物，以突出那时流行的美的特征。画上的马是一种构造，对某个理念的抽象。

在17和18世纪，马是按照一种社会等级来组织的。贵族阶级一致推崇来自北非或土耳其的马，比如柏柏尔马，还有西班牙，尤其是热内（genet）的马，这些马头很小，肌肉突出，马鬃很长，呈波状。这是玛丽-安托瓦内特皇后的马的类型。

小耳朵是优秀的特征，那些产自法国乡村［利穆赞（Limousin）诺曼底（Normandie）……］的马的耳朵常常会被修剪，好让这些牲畜看上去更具活力。画家和雕塑家都会突出耳朵小，出于同样的原因——让艺术品独具特色——他们也会突出脖子、眼睛四周和马刺附近的静脉。

16

最后一个惊人的发现是玛丽－安托瓦内特皇后身着猎装，被画出了极其现代的姿态。马披挂着马具，上面涂有奥地利（她的出生地）宫廷的匈牙利皇室卫队使用的色彩，她不是侧坐着的，而是像个男人一样骑马。

突变的向日葵

梵·高在阿尔勒所画的某些向日葵看上去像绒球。
遗传学家所揭示的机理解释了这种外观。

我正在以一个马赛人喝普罗旺斯鱼汤的劲头作画，这并不会让你吃惊，因为这正是画大个头向日葵的时候。

梵·高《致泰奥的信》

1888年2月20日，文森特·梵·高（1853—1890）在阿尔勒定居。在这一年的8月，他画了《向日葵》系列中的第一幅。1889年1月，他完成了另外三幅，至此，由四幅画组成的系列作品大功告成。每一次作画时，他会把3—15支向日葵放在一个瓶子里，瓶子则被置于黄色或蓝色的底布上。有些原本是拿来装饰保罗·高更的房间的，他在1888年前来和这位荷兰画家相聚。此外，高更的一幅作品表现了正在画一束向日葵的梵·高。后者画的也许是《花瓶与五朵向日葵》——系列中的一幅——被毁于1945年的一次空袭。

每一次，梵·高笔下的向日葵都处于不同的生长阶段，从开花直至凋谢。但是，它们也在形态上有所区分。实际上，某些向日葵看上去像绒球！比如，在收藏于伦敦的英国国家美术馆的画作上（下页），我们可以看到七朵绒球。美国雅典市佐治亚大学的约翰·伯克（John Burke）和他的同事们关心的就是这种外观的基因基础。

文森特·梵·高（1853—1890），《向日葵》

向日葵的构造：
a 常见的向日葵；b 重瓣向日葵；c 花叶饰含有生殖器官的变异向日葵

在描述他们的成果之前，我们先详细地讲一讲向日葵的解剖学。向日葵属于菊科 [（Asté racées）以前写作 Composées[1]]，这是最大的植物科属（菊芋、蒲公英、雏菊、朝鲜蓟……）。向日葵的花，被称为花叶饰，集中在头状花序（一种肉质的花托）上。因此，被我们称为向日葵的"花"的东西，实际上是由大量的真实的花组成的，即聚拢在头状花序上的花叶饰。在常见的向日葵（上图）上，周边的花叶饰是舌状的，这就是说，它们都具有小舌状物（舌片，我们错把它当成了花瓣），而中心的那些花叶饰是有管子的，呈管状；

绒球向日葵中的突变基因参与控制着花的对称。

1. 译者注：Astéracées 和 Composées 都是菊科的意思。

20

只有后者具有生殖器官。

绒球向日葵是重瓣的花。在写于 1764 年的《山中来信》里，让一雅克·卢梭描述了如下现象："重瓣花就是某一部分超过其自然数目的花……重瓣花这个词表示的并不只是简单的花瓣数目上的增加，而是一种任意的增加。"在向日葵的重瓣花中（图 b），就普通类型，即野生向日葵而言，虽然不是整体上，但至少数排有管子的花叶饰是舌形的。约翰·伯克的团队想理解这些重瓣花的机制。

这些机制始于野生类型的向日葵和其他重瓣花的类型之间的杂交。结果符合孟德尔在 19 世纪中叶所确定的法则，比梵·高画他的向日葵早了近 20 年。重瓣花的特征是由一种单一基因的突变造成的，而且，这一突变是决定性的。其他的杂交显示了同一种基因的第二种突变，这是隐性突变：它是由一种特殊类型的花叶饰所表达的：它们呈黄颜色的管状，具有生殖器官（图 c）。换言之，它们是舌状花叶饰和常见向日葵有管花叶饰的中间产物。

遗传学家确定了相关的基因，并对之进行了排序：这就是 *HaCYC2c* 基因，它将转录因子编码，转录因子则是一种有助于其他基因的表达的蛋白质。*HaCYC2c* 基因家族涉及的是对口器的对称的控制。在重瓣花的例子中，突变就是某一核苷酸插入基因启动子之中，该基因因而以非正常方式在中心花叶饰中表达了出来。在第二个例子中，突变来源于转位子（DNA 的活动部分）进入基因本身之中，并阻止它在所有花叶饰中表达。

梵·高的画中没有出现过后一种类型的向日葵。他没有看到过它吗？还是觉得它不够美？历史和《致泰奥的信》都不曾有过只言片语。

亚当的苹果是只柠檬

在一幅 15 世纪的弗莱芒装饰屏上，

凡·艾克兄弟画了一个手里拿着水果的夏娃。

一只苹果？非也，它是柠檬的变种，被称为……亚当的苹果。

在 15 世纪初，位于今天比利时的根特城的显贵库斯·威德 (Joost Vijdt) 向胡伯特·凡·艾克 (1366—1426) 订购装饰屏，用以装点圣—让教堂里的一个私人礼拜堂。画家没有时间去完成画作，他死后由其兄弟扬·凡·艾克 (1390—1441) 接替。今天，人们可以在该宗教建筑的主礼拜堂里欣赏到大部分屏风画，该建筑在 1559 年变成了圣—巴翁大教堂。我们需要指出，屏风画中的一幅，即所谓的《正直的审判者》，只是一份复制品，原作于 1934 年被盗。

根据多折画屏的敞开或闭合，我们可以在其上看到耶稣基督、玛丽亚、圣·让—巴普蒂斯特、天使、天神报喜、资助者威德夫妇的肖像以及主的羔羊，而整幅画又是以"主的羔羊"命名的。我们可以在外部的画板上认出亚当和夏娃。罗兰大学——位于匈牙利布达佩斯——的历史学家毕翠克丝·麦克西（Beatrix Mecsi）和鲁汶大学——位于比利时的布鲁塞尔——的数学家德克·休伊尔布鲁克对后者充满了兴趣，尤其是夏娃手里拿着的水果（下图）。它究竟是什么呢？

夏娃嚼着的是最早的杂交品种之一，它介于葡萄柚、柠檬和酸橙之间。

22

我们一开始就不用考虑这种水果源自……想象，让凡·艾克兄弟闻名遐迩的是他们对细节的感知，作品中洋溢着的现实主义。第一种观点认为，夏娃拿的水果是苹果，这是经常和他们二人相联系的集体想象。然而，《圣经》只提到了水果，并未说是苹果。选择因而基于艺术家的意见。事实上，卢卡斯·克拉纳赫（Lucas Cranach）在《伊甸园中的亚当和夏娃》里描绘的确实是一只苹果。相反，在西斯廷礼拜堂的壁画上，米开朗琪罗更喜欢画的是无花果，这倒符合犹太传统，该传统认为，一旦禁果被食用，无花果树的叶子便成了亚当和夏娃最初的衣着。其他人选的则是柠檬、一串葡萄、樱桃、橄榄……石榴也有支持者，他们的证据是在《出埃及记》和《可兰经》中有提到。但是，石榴长在小灌木上，而不是树上。

无论如何，在文艺复兴时期，苹果树扎根在了西方的传统中。理由之一在于，malum这个拉丁词本身模棱两可，一方面它指的是苹果，另一方面则指恶。

所有这些水果中没有一样符合凡·艾克在装饰屏上画出来的样子。彼得·施密特（Peter Schmidt）是圣一巴翁大教堂的议事司铎，一本有关《主的羔羊》的著作的作者之一。该神学家在那本书里概述了他的同事吕克·德克（Luc Dequeker）的观点，后者认为夏娃拿的是一个香橼，犹太人在住棚节期间会用到这一枸橼的变种。这种柑橘是为这一场合而烹制的香料的四种成分之一，其他原料分别是椰枣树的树叶，香桃木的枝条和柳树树枝。不过，在另一幅版画上，我们可以看到一个人的手里拿着四种原料中的一些。然而，香橼的形态并不符合所画之物：这种水果并不具有画上所看到的弧形斑点。施密特因而提出，水果可能是某种外表多结的柠檬，但并没有指出是哪一种。

在15世纪的弗朗德勒，柑橘属的水果具有异国情调，但是扬·凡·艾克多次在南欧旅游，尤其在西班牙。他毫无疑问见过不少这样的水果，所以才能拿回一些样品。他只为这些被称为……"亚当的苹果"的东西所吸引，也就是柑橘属的水果，"亚当的苹果"的变种。事实上，这些水果带有圆形的印迹，类似于夏娃的水果上的；这一印迹让人想起了一种齿印，它是第一个男人留下的。根据意大利卡塔尼亚大学一个遗传学家团队的看法，"亚当的苹果"是已知的最早的杂交品种之一，它介于葡萄柚、柠檬和酸橙之间。

马可·波罗曾在波斯见到过"亚当的苹果"，它由阿拉伯人引

旧特·凡·艾克（1366—1426）
·凡·艾克（约 1390—1441）
《主的羔羊》

入近东地区，然后在 18 世纪中叶，由"十字军"带到欧洲。这些水果还可以在某些柑橘类专题的收藏馆看到（第 23 页，一种很像夏娃的水果）。天堂已逝，水果永存！

钩织，珊瑚和几何学

珊瑚的形状是双曲几何学的表现之一。
具体表现符合这一几何学的空间的方式并不多，
包括一项过了时的活动：钩织。

钩织声誉不佳：只有女人才会从事这种让花边花样迭出的活，而且她们往往上了年纪，在俱乐部里扎堆。这种过时的形象是错误的，至少不全对。多年以来，钩织的艺术再次流行起来，我们能想到的也不再仅仅是那些专门的博客。更妙的是，在这些用来装饰扶手椅和电视机盖布的网状工艺品中，还隐藏着某些科学。

2005年，洛杉矶的计算机研究所(IFF)的创始者玛格丽特和克莉丝汀·威特海姆对这方面进行过探索。这个机构推动着科学与数学的美学和诗歌维度的发展，并且不使用抽象概念。

他们的首个项目被称为钩织珊瑚礁（Crochet Coral Reef），它旨在将珊瑚礁制作成钩织物！这个想法看似离奇，实则可行。让我们来看看个中原因。在生命世界中，存在着众多圆齿状、锯齿状、卷曲状……的形态。我们可以举藻类、莴苣叶、海蛞蝓以及珊瑚虫为例。它们的表面属于双曲几何，是三种现存几何学类型之一。

一种对之进行描述的方式建立在平行公设的基础上。在欧几里得看来，经过某个外在于一条给定直线的点，只存在一条与该直线平行的直线。在近2000年的时间里，人们认为这条公设是无法回

27

玛格丽特和克莉丝汀·威特海姆（计算机研究所）
钩织珊瑚礁，2005

a

b

c

钩织和双曲几何学。我们每织一行都比上一行增加一针（a）或三针（b）。黄色的直线（c）被缝在了一个双曲平面上。

避的。然而，在 19 世纪，一些数学家（黎曼，罗巴切夫斯基……）摆脱了它。在球面几何学中，某条给定直线的平行线的数目是不定的；在双曲几何中，该数量则是无限的。

因此，数百万年来，许多机体常常以多姿多彩的方式展现出这样一些概念，它们被发现迄今尚不满 200 年。然而，欧几里得和球面几何都很容易通过一个物体来建立模型，分别是一个平面和一个球的表面，双曲几何则长久以来抗拒这样的意图。其理念是通过图表，并以严谨的方式去描述一种几何学及其性质。对于双曲几何而言，困难就在于，很多人从中推论这种描述是不可能的。

不过，多个模型被提了出来，比如克莱因—贝特拉米（Klein—Beltrami）的模型，以及庞加莱的圆盘（埃舍尔的数部著作就建立在这一描述的基础上），但是它们还是太过于概念化了。数学家威廉·瑟斯顿（William Thurston）建立了一个纸模型，但并不稳固。接着，在 1997 年，康奈尔大学的数学家戴娜·泰米娜（Daina Taimina）指出，钩织可以应对挑战。

我们根据钩织的原则逐步增加每行的针数，而此原则事实上又和双曲几何学的这样一种性质吻合：在一个欧几里得平面上，一个圆的圆周和半径以线性方式增加，但在一个双曲平面上却是以指数方式增加的。珊瑚虫是双曲几何学的表现之一，后者因此可以被制作成钩织（上页，边饰）！

数百万年以来，生命机体以五颜六色的方式表现出了存在尚未满 200 年的概念。

计算机研究所的计划始于招募"撬锁者"的一则小广告。它发展迅速，最后聚集了全世界数千名参与者。位于宾夕法尼亚州匹兹堡的安迪·沃霍尔博物馆是最早对这个计划感兴趣的机构之一：该机构在一次气候变暖的主题展出上，展示了第一种用羊毛制成的珊瑚礁（第28和29页）。

而后是芝加哥，一个300平方米的画廊被填满，接下去是纽约、伦敦、丹佛、哥本哈根……每一次，计算机研究所的一个分支被建立起来，就会将当地的有识之士汇集起来。钩织珊瑚礁无疑成了将艺术和科学联结起来的最伟大的计划之一。

球茎，泡沫和病毒

在 17 世纪初，投机泡沫在郁金香市场中蓬勃发展，

尤其是因感染病毒而产生的双色郁金香。

2008 年，次贷危机随着美国不动产泡沫而来。之后，西班牙的不动产泡沫于 2010 年爆发，沉重打击了该国经济。这些最近的例子是这样一个剧本的最新演绎，它几个世纪以来一直在重复着：2000 年的互联网泡沫，1929 年的股票暴跌，大不列颠反复上演的危机 (1847, 1836, 1825, 1810, 1797……)，等等。

时光倒转，我们来到了 1637 年，这个时代发生了金融和经济投机泡沫，被经济学家认为开了历史之先河。这场危机的核心产品是什么？黄金？香料？非也，是一种在今天常见的花：郁金香。在 17 世纪初的荷兰和其他欧洲国家，球茎的定价在突然暴跌之前达到了顶峰。

这个戏剧性的时刻启发了法国画家、雕塑家让·莱昂·杰罗姆（1824—1904），他是法兰西第二帝国治下学院派的先驱，但在受到新生的印象派的羞辱之后，便失去了大众的追捧。在《郁金香圃中的决斗》——也被命名为《郁金香狂热》——中（第 34 和 35 页），他描绘了一个贵族，他手里拿着剑，小心翼翼地保护

一棵罕见的郁金香球茎的定价相当于一个手艺人一年的工资，或者阿姆斯特丹的一幢漂亮住宅。

一盆郁金香免遭破坏，那无疑是稀有而珍贵之物。事实上，在画的背景中，我们可以看到一些士兵，他们正践踏花地，试图通过减少供应来稳定市场。人们为何会走到这个地步？

郁金香（郁金香属）分布广泛，从西欧直到远东。它将出现在中亚，还将因神圣罗马帝国君主费迪南德一世的大使奥吉尔·德·布斯贝克之故而普及到欧洲，他被驻派在苏丹苏莱曼一世那里，位于奥斯曼王朝的首都君士坦丁堡。1554 年，首批球茎和种子抵达维也纳。从那里开始，它将征服整个大洲。它于 16 世纪 90 年代到达联合王国（即今天的荷兰），并因弗莱芒植物学家查尔斯·库希乌斯而变得家喻户晓，他还创办了莱登大学的植物园。

人们趋之若鹜，在阿姆斯特丹和联合王国北部的富商的花园里，郁金香很快就取代了银莲花、丁香、牡丹、耧斗菜……而南方正和西班牙打仗。人们因而争夺着这些稀罕的物种，而价格也高得离谱。我们讲过，一株球茎十倍于一个手艺人的年收入，或者三公顷土地的价格，或者阿姆斯特丹高品质居民区里的漂亮住宅。

最受欢迎的品种，比如"永远的奥古斯都"和"总督"这些变种，它们被称为火焰、碎纹、大理石纹，这就是说它们都是多色的。在杰罗姆的画上，受到士兵保护的花就属于这列品种。这一被称为彩斑的现象源于线状病毒（potyvirus）的感染，这是一种马铃薯 Y 病毒科的 RNA 上的病毒，代表了 30% 的已知植物病毒。我们知道这一科中的五种病毒，它们导致了郁金香中的染色不足，在百合中情况也是如此。

颜色之不足表现为条纹、花纹、带状、火苗状，它们要么是因为色素（花色素）的局部缺失，要么相反，是因为花的某些部位的染色过度而造成的。外部和内部的表面常常具有不同的图案。

线状病毒是通过昆虫传播的，主要是桃树上的绿蚜虫，即桃蚜。确切地说，今天那些表面多色的花都是因环境或者选种而造成的，售卖受病毒感染的球茎是被禁止的。尽管如此，病毒始终存在着，2011年，蚜虫的机能得到了仔细研究，以改善保护郁金香种植地的方法。

还是在17世纪，受到线状病毒感染的郁金香成了奢侈品！那个时代的艺术抓住了"郁金香狂热"，往往透过各种万物虚空图[1]对之加以揭露：破碎的郁金香伴随着头颅和其他人类生命脆弱的象征物。同样的这些郁金香越来越多地出现在弗莱芒与荷兰画家群体中。小勃鲁盖尔画了一幅《郁金香狂热之讽》，画中的猴子在种植、收割、售卖郁金香……这表明了人类的疯狂。

一夜之间，投机行为于1637年2月6日在哈勒姆（一个毁于腺鼠疫的城市）停止了。就在前一天，球茎在同一天内的价格还可以相差十倍，买主现在突然表现得更犹豫不决了。几天之内，市价暴跌了百倍，泡沫破裂了。

对国家的经济所造成的后果是经济学家争论的主题。在一些人看来，这一崩溃引发了荷兰经济漫长的萧条。在其他人看来，这不过是一桩无关紧要的人为事件。

1.译注：原文为 vanité，指一种特殊的静物画风格，经常用寓意性的手法，通过描绘头颅来表现人类的命运。

让·莱昂·杰罗姆（1824—1904），《郁金香圃中的决斗》

　　事与愿违的是人们并未从中吸取教训，因为一个世纪以后，还是在荷兰，又一次过度投机上演，这次是风信子导致的。

白西瓜的秘密

在 17 世纪意大利的一幅静物画上，

一只被切开的白色西瓜露出了果肉，大部分是白色的。

为什么？为了了解个中原因，我们来回溯一下这种水果的前生往事，

从天使的佳肴，图坦卡蒙的墓穴直到今天的日本。

您应该还记得去年的夏天，赛琳娜，卡特琳，阿娜拉，以及一位叫甜心宝贝（Sugar Baby）的……别搞错了，说的是……西瓜的品种。这种葫芦科植物是所有水果中最能清热解暑的一种，马克·吐温在《傻瓜威尔逊的悲剧》中让他的主人公说道，西瓜是"国王，它拜上帝所赐，是所有水果的国王。尝上一口，就知道天使享用的是什么了"。

这样的奢侈品只有画家的礼遇才配得上，事实上，我们可以找到不少西瓜的画作，比如在弗拉芒·亚伯拉罕·勃鲁盖尔（Flamand Abraham Brueghel，1631—1690) 的一幅静物画上，或者在意大利的乔瓦尼·斯坦奇（Giovanni Stanchi，1608—1675) 的一幅作品中。在后者的画上（第 38 和 39 页），我们可以至少发现两个西瓜，但它们同您夏天的那些西瓜天差地别。然而，在今天的品种中，人们可以找到的是红色的瓜肉——这是自然的——以及绿色的和米色的，但在画上，瓜的内里主要是白色的，只有一点点红。该做何解释呢？

威斯康星大学的农学家詹姆斯·宁休斯（James Nienhuis）对

这个问题感兴趣。首先，我们别忘了，西瓜果肉的主要部分是过度发育的胎座，种子就藏身其中，而胎座则将胚珠（受精之前）束缚在该植物的子房。在詹姆斯·宁休斯看来，今天的西瓜来自这样的选种，它由耕种者实施，为的是获得番茄红素（一种我们也可以在番茄中发现的红色的色素）浓度的增加，由此便有了非常红的果肉。

然后，出现在勃鲁盖尔的静物画中的西瓜不仅漂亮，而且非常红，和斯坦奇所画的同处一个时代。该意大利人的西瓜成熟了吗？是的，黑籽的存在是毋庸置疑的：果实是在它成熟时采摘的。

这种多样性表明了正在这个世纪进行的选种过程，其目的就在于获得理想中的西瓜。它在今天仍在继续着；我们在店里看到的"无籽"（更确切地说是萎缩的籽）新品种就是见证。这种特征来自一种三倍体（植物拥有三组染色体而不是两组）。田助黑西瓜只生长在日本北海道的北部，它也是最近的一个品种。它的稀有和口味让它价值连城：每一个样品都值数千欧元！

即便西瓜征服了世界（人们每天生产数亿吨），但人们对其来源所知甚少。换言之，问题在于人类吃西瓜有多久。根据以色列沃卡尼研究中心（centre de recherches Newe Ya'ar）的哈里·巴黎（Harry Paris）的研究，我们享用西瓜至少已有 5000 年了。通过汇集所有的历史线索，他终于重建了西瓜的历史。

最古老的考古学遗迹，即西瓜种子，是在利比亚发现的。人们也在埃及的墓穴（图坦卡蒙的墓穴）中找到了种子以及绘画作品，

天使享用西瓜——所有水果的国王——可能至少有 5000 年之久了。

乔瓦尼·斯坦奇（1608—1675）
《一幅风景画中的西瓜、桃子和梨》

迄今有 4000 年了。让人惊讶的是，其中的一幅图片描绘了一种长方形的水果，与今天的很像，也不同于呈球形且口感苦涩的野生品种。因此，埃及人种植西瓜。

储水的能力在干燥地区是制胜的法宝。无疑，这就解释了西瓜为何会出现在墓穴中，因为亡者也需要在他们漫长的旅程中解渴。哈里·巴黎从所有这些证据中推断，西瓜出现在北非，并在那里得到驯化。

一些著作表明，西瓜接下来离开了其发源地，并在地中海附近传播。在 1 世纪的《博物志》中，老普林尼吹嘘了一番西瓜的降暑功效。医生迪奥斯科里和希波克拉底同样赞扬了其疗效。

但还是小心为妙：我们都记得，在 2011 年的某国，由于加入过多的膨大剂——一种肥料——数百只西瓜……爆炸了！

数学和信息馆

大师的模型

萨尔瓦多·达利将耶稣置于第四维中，

并将其钉在超方体模型上。

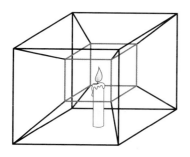

《受难》对《基督圣体》的拉丁式影射是显而易见的，一如其中涉及的四维。在萨尔瓦多·达利的绘画中，这样的情况不胜枚举，甚至要多得多！

四维视觉迫使我们付出如此这般的努力，即便最好的数学家要将之付诸实践，也会承认自己力不从心，他们在一个超三维的世界中举步维艰，只能依靠代数和拓扑规则来引导自己。

萨尔瓦多·达利的画描绘了这样一个超立方体，它在我们的三维空间中展开，并在绘画的二维空间的视角中被看到。在画底部的方格饰中，对二维空间的影射清晰可见，我们还可以在那里看到三维立方体的平面模型的一部分。光的运用有力表现了耶稣沉入我们这个三维世界的场景，只有手臂的阴影落在了四维十字架的立方体部分上，而阴暗的色调则弱化了两个在传统十字架中并未出现过的

萨尔瓦多·达利 (1904—1989)，《受难》

43

立方体。

　从这幅作品中，这位天才画家作品的评注家们看出了 1000 种他本人大约未曾有过的奇思妙想。但不可否认的是：达利对超立方体的表现是准确的，遵循着低维空间中的超正方体模型的数学规则。

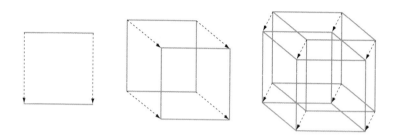

　　图 1.一条线段被垂直地"推移"到另外一个维度上，就会构成一个正方形（左图）。对正方形进行同样的操作，得到的是一个立方体（中间）。最后，如果这个立方体向一个新的维度移动，就会形成一个超立方体（投影，右图）。

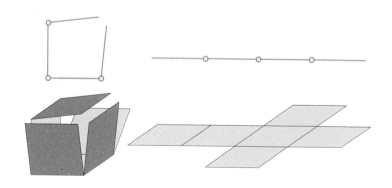

　　图 2.一个 n 维空间的图形在 n−1 维空间中展开后，得到的就是这一图形的模型。一个二维的正方形的模型是一条一维的线段（上方）；一个三维的立方体的模型是一个二维的"十字架"（下方）。

数学家应用了哪些法则，以便使一个超三维的对象在我们的空间里表现出来呢？为了有效理解这幅画，三个步骤是必不可少的。首先，让我们研究一下一维或二维的"立方体"是如何转化成更高维的立方体的。接着，尝试从三维跳跃到四维。最后，详细说明如何在低维上画出这些立方体，同时像达利那样建立"模型"。

一条长度给定的线段沿垂直方向移动，并保持长度不变，就会扫描出一个正方形的面，即一个二维的"立方体"。类似的，一个正方形在它所在平面上沿垂直方向移动，就会产生常见的三维立方体。这些"垂直"移动表示的是从一个维度到一个更高维度的方式。为了形成一个超立方体，就必须把立方体推进更高维度的空间中（图1），但这就是问题所在。就如一些数学家所言，很难从中看出什么东西来。

我们必须找到另一种表现方式。投影便是一种：当我们将一个立方体沿其棱边的方向投影在一个平面上，我们就得到了一个正方形。当我们将一个正方形沿着它的一个边投影，我们得到的是一条线段。投影是一种能减少一个维度的方法。为了更好地把握投影的特点，在讨论了"太阳光"下的影子之后——在太阳光的投影中，所有的投影线都是平行的——我们还需要探讨一下"蜡烛光"下的影子——蜡烛光的光线则来自一个点状的源头。对立方体的骨架进行投影，得到的是两个由八条棱边所连接起来的正方形。当蜡烛位于中央时，对超立方体的骨架进行投影，得到的是两个这样的"立方体"，一个套着

为了在低维中画出立方体，达利建立了一个在凹凸方格饰可见的模型。

45

另一个，并通过它们的接边而连在一起（第 42 页，最上端的图）。耐心的读者如果能用铁丝做出套在一起的立方体，在某个角度下就会发现，它在平面上的投影是一个立方体的骨架。

我们注意到，一个人若身处高维度，他便无须透过低维度空间的表面就能"看得到"其内部：作为三维空间的存在，我们可以看到二维形式内部的一切，它因而没有秘密可言。同样，一个身处四维的"神"人可以看得到我们的躯体……和我们灵魂的内部。

让我们回到模型，去研究一下达利绘画中的几何学真相。

我们沿着一个正方形的顶点将它展开（在某一个顶点上将该正方形的骨架切开之后），得到的就是一个正方形的一维模型。同样，将一个立方体的七条棱边仔细地切开，它就会铺展成一个立方体的二维模型（图 2）。然而，我们可以按照不同的棱边组合方式去切开立方体，从而得到不同的模型。我们如何确保一种形是一个立方体的模型呢？通过它的图形……

我们将这样一个图形与一个立方体模型结合起来，其顶点代表表面，其棱边则代表相邻的表面。一个立方体的图形因此具有 6 个顶点（图 3）。

不过，无论哪一个图形都不是模型的照片。首先，由于模型是一个整体，图形也是如此，所以人们才称之为连通图。此外，模型是平面的，有三个表面并非两两相邻，因为它们让模型无法对折；相应的图形不具有回路。如此这般连通并且没有回路的，便被命名为"树"。

现在必须将图形的顶点（通过一条虚线）连接起来，而这一图

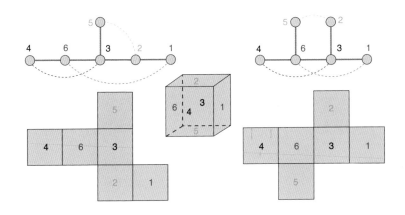

图 3. 成对的树，即没有回路的连通图[1]，其顶点两两相连，但两个邻近的顶点不相连（上方），这是一种表现和计算一个立方体的模型的方式（下方）：这里画出了十一个立方体模型中的两个。

形对应着立方体相对的表面。我们的编号给出了两个相对的面的和，它等于 7。这样的树便被认为是匹配的（图 3）。

经过这样的准备后，我们就能确定所有遵从规定条件的图形，而后计算出它们的数目了：有 11 棵 6 个顶点匹配的树，因此有 11 个立方体模型。

让我们回到超立方体，也就是画上的超立方体。想象一下，我们将超正方体在我们的三维空间中展开。为了做到这点，我们就得裁掉 24 个正方形的 17 个——它们都属于 8 个三维立方体，后者构成了超立方体的"表面"——这样就得到了一个超立方体的模型，

1.译注：在数学的图论中，树被定义为"没有回路的连通图"。

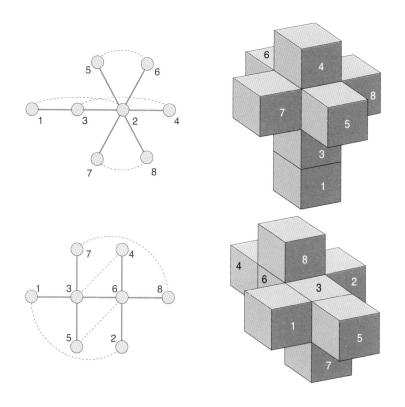

图 4. 超立方体的模型（右侧）的数量能被算出来，靠的是在 8 个顶点上相匹配的树，这些顶点两两相连，且相邻的两个顶点并不相连（左侧）；存在着 261 个超立方体模型。

即八面体。这 8 个立方体的每一个都通过一个面和另外一个立方体粘贴在一起。

我们到这里就能确定所有这样的树了，它们有 8 个顶点相匹配（这些树也代表了八面体的模型），而这些树并不配对，它们的数目为 23。彼得·特尼（Peter Turney）通过计算机算出的是，存在着 216 棵有 8 个顶点匹配的树，因此就存在着 261 个超立方体的三维模型（图 4）。达利的画描绘的就是其中之一。

对一个超立方体模型进行的二维投射就是一个正常立方体的模型，这就是我们对画作底部凹凸方格饰的猜测，上面那些黑色格子所描绘的就是这种立方体模型。

回到达利：是谁教他数学的呢？达利热衷于结识各路天才人物：他一天碰不到新认识的人，就会郁郁寡欢……画家、数学家、象棋棋手马塞尔·杜尚是达利小圈子的一员，他可能就是这位画家的同道。

摩尔纹和视觉艺术

瓦萨雷里的画作

吸引我们徜徉于物理学与数学之间。

"一个数学家就是一个图案的制造者。这些图案就如出自画家或诗人之手,应该是优美的;理念就如颜色或者词语,应该和谐共处。"

高德菲·哈代(Godfrey Hardy)

1965 年,在纽约的现代艺术博物馆中,所谓的欧普艺术作品首度汇聚一堂,因为它们玩弄的是感知上的幻觉、摩尔纹、闪光……在人们所敬仰的艺术家中,有弗朗索瓦·莫勒莱,尤其是这种艺术形式的首创者、匈牙利裔的法国画家维克托·瓦萨雷里(1906—1997)。由于他在评论界和公众中取得的成功,瓦萨雷里很快就被命名为"欧普艺术的创造者"。在那时,欧普艺术热潮达到了这样的程度,众多的杂志,比如《科学美国人》,将视觉艺术作品用作它们的封面。有些出于美学原因,有些出于对其几何学上的准确度的赞赏。

维克托·瓦萨雷里曾常常出入于布达佩斯的工作室,相当于匈牙利的包豪斯,该艺术学院由瓦尔特·格罗皮乌斯(Walter Gropius)创立于 1919 年。对后者而言,所有造型活动都以工程和建筑为目的。瓦萨雷里因此间接地追随了消失于 1933 年的这所学院的教授们的教导,诸如约瑟夫·亚伯斯(1888—1976),保罗·克

维克托·瓦萨雷里（1906—1997），《透明》

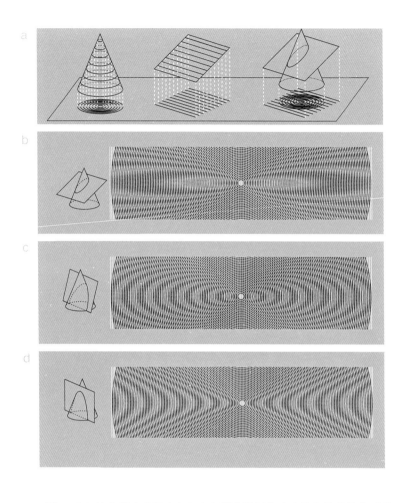

　　图1.摩尔纹的图案（见上方）来自两个圆形的或直线的网状物的重叠。当我们通过一系列平行的面将一个锥体的交点投射在底部的平面上（a，左侧），我们便得到了同心圆。此外，一个平面为一系列和投射平面（a，中间）垂直的平面所倾斜，其交点就会投射成一系列平行的直线。通过将这两个投射的网状物（a，右侧）重叠在一起，我们就得到了摩尔纹的图案。根据平面之于锥体的斜角，我们便通过一个平面得到了一个锥体的交点的图形：抛物线（b），椭圆（c）和双曲线（d）。

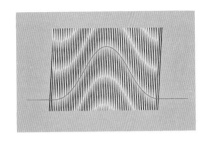

图 2. 多亏了摩尔纹，我们将两种周期函数间相互作用的问题的解答可视化了。白色的垂直线按规则保持间隔，而黑色线条之间的距离服从高斯曲线，当两种网格叠加时，它便出现了（呈绿色）。

利（1879—1940) 和瓦西里·康定斯基 (1866—1944)，这些抽象艺术的创造者们。

他于 1930 年定居巴黎，成了几何抽象派艺术的大师之一，还在其作品中实现了他的理论研究，尤其是那些关于透视法的。1953年，在名为《透明》的组画中，他运用了摩尔纹的效应，一张规则的条纹图为印在透明板上的同样的图（或者其反面）所覆盖。第二张图的微小移动制造出了摩尔纹闪光的图案。让我们粗略研究一下这些图像的数学基础，以及它们向物理学家提供的帮助。

最简单的摩尔纹图案是在这样的时候出现的，当两个相同系列的垂直线有规则地间隔，并在叠加时保持些微距离或一定角度的旋转。大的深色条纹出现了：整齐度越是完满，这些条纹的间隔越大。

为了理解这些摩尔纹图案的起源，让我们从投影几何的角度去思考它们。这个数学领域涉及的是这样的三维空间中的物体，它们被投影到二维空间中。例如，当我们用一系列同其底部平行且等距的平面对一个锥体的交点进行投影，就可以在一个和锥体底部平行的投影平面上得到一系列同心圆（图 1）。

波纹闪光的图像在物理学中具备众多实际应用。

同样，一个斜面与一系列同投影面垂直的平面形成了交叉，这些交叉处被投影成一系列平行线。这些平行线互相隔开，因为最初的平面相较于投影平面而言是倾斜的。因此，在投影几何学中，一个锥体等同于一系列同心圆，一个平面等同于一个网格。在数个同心圆和网格叠加的时候，会出现什么样的摩尔纹图案呢？椭圆形，双曲线，抛物线（图1），也就是说，一个平面和一个锥体不同的交点，数学家称之为锥形截面。

当网格的间距大致等同于同心圆的间距，那么所得到的摩尔纹的图案就是抛物线。当间距增加，也就是说，最初的平面越来越趋于水平，摩尔纹的图案便成了椭圆。相反，当间距缩减——平面重新竖起来——摩尔纹的图案就成了双曲线。

借助摩尔纹的图案，人们通过叠加两个系列的平行线便得以重建高斯曲线。"钟形"曲线是一个偶然变量的多种函项，该变量服从各种独立成因。第一个系列由等距垂直线构成。第二个系列的间距代表了变量可能具有的每个值的概率。换言之，第一个网格的间距是恒定的，而第二个则更紧靠中心。我们所得到的摩尔纹的图案遵循的都是高斯曲线（图2）。

物理学家也使用了摩尔纹的图案。例如，其性质之一便是增加两个规则系列的不同。当两个系列的平行线严格一致时，它们的叠加便是完美的。相反，当两个系列叠加时，在规律性和间距上的些微差异就会出现（第55页）。

1874年，英国物理学家瑞利（Rayleigh）勋爵(1842—1919)提出利用摩尔纹图案的这一特征，以检验衍射光栅的质量：关键在于透明的板子（在当时是玻璃），它们被有规则间隔的槽沟划出了条痕。它们被用来研究光。因此，当受到检测的光栅被置于最初的质量确定的光栅上时，它的缺陷便立即被检测到了。

让我们继续讲光！在晶体学中，摩尔纹的现象提供了数不胜数的帮助。例如，当两块一样的结晶紫薄片被叠加起来，摩尔纹的图案便会在电子显微镜中出现。然而，结晶紫更厚一点时，显微镜的电子就没有充足的能量去穿透相互之间脱节过度的结晶紫：只有当叠加完美时，它们才能通过。

所获的图案来自这样一些相互作用，它们是在电子穿过原子网络时被创造出来的。这些摩尔纹图案提供了各式各样的信息：例如，我们描述过的内在于摩尔纹的增益，证明了尺寸小于原子直径的结晶的异常（十亿分之一米的十分之几），其精度比显微镜的分辨率高 100 至 1000 倍。

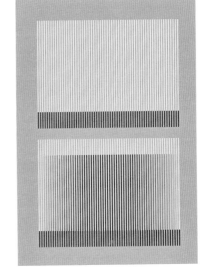

摩尔纹的图案也有助于结晶学家通过 X 射线去确定某些分子的原子结构，比如表现为结晶形态的蛋白质。此外，摩尔纹有助于检验某一个透镜的质量。这个透镜被放置在两个网格以及这样的两个"完美的"透镜之间，它们能校正图案的放大率。当受到检测的透镜具有失真现象，图案的线条便是曲线。

最后，多亏了摩尔纹，我们可以研究分解的速度，例如，糖在溶液中的分解速度，该溶液被置于两个平行线网格之间：随着糖块溶解，溶液的折射指数也在改变，还改变了人们观察到的摩尔纹的图案。

瓦萨雷里非常了解科学的动态。他是否因此而知道摩尔纹所有可能的应用呢？

沙画之谜

一个中非民族的说唱艺人用绘画来讲述他们的历史，
这些画向数学家们提供了很多组合分析的难解之谜。

直至 20 世纪 50 年代末期，乔克维（Chokwe）人的部落成员在安哥拉东北部的隆达地区依然还有一百万之众，他们在经过了一天的狩猎之后，聚集在一堆火周围，听其中一位——即沙画说唱艺人[1]——遵循一种简单的仪式讲故事（第 60 页，图 3）。在把手里的沙土清理并整平之后，他画出了一个点状网格，而后在讲述过程中，他的手指沿着这些点划出了一条曲线，用以辅助他讲故事，比如兔子和盐矿的寓言（下图）：一只在 A 点的兔子在 B 点发现了一座盐

鸟　　　　　　　　　　　　　　兔子和盐矿

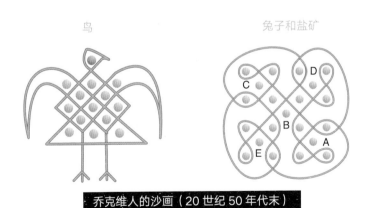

乔克维人的沙画（20 世纪 50 年代末）

1.译注：akwa kuta sona，安哥拉北部地区的说唱艺人、说书人，其中，sona 指沙画。

57

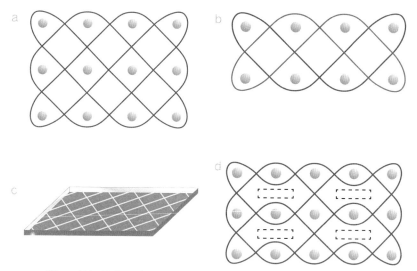

图 1. 纺织品的图案是最为简单的沙画：它们由贯穿点状网格的对角线的曲线所构成。大多数由一条单一曲线组成（a），但是某些需要数条曲线（b）。这些画类似于一束在由镜子组成的围墙内的光的路线（c）。当我们在偶数列的点之间嵌入额外的镜子（黑色的虚线），便得到了狮子腹部系列的沙画（d）。

矿。哎呀，它是让在 C 点的狮子、在 D 点的猎豹和在 E 点的鬣狗垂涎三尺的对象，每一个都据理力争，好去占领这座宝库。幸运的是，在故事的最后，兔子打赢了官司，成了盐矿唯一的拥有者，其他的则被曲线隔开了。

这些画被称为沙画（单数形式为线条画），属于一个漫长的传统：它们所描述的是格言、寓言、游戏、动物和谜语，在知识和智慧向年轻一代的传播中起着重要作用。绘画的轮廓线应该是光滑而连续，并有条不紊的：所有的迟疑和停顿都是不完满和缺乏才能的象征，会招致公众讽刺的微笑。

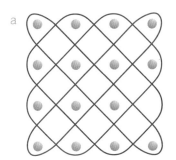 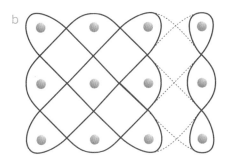

图 2. 纺织品的图案（最简单的线条画），其网格是正方形的（a），它要求的曲线的数目等于每一条边的点的数目，此处为四。通过将一个网格分解成正方形，我们便确定了任何一个网格所必需的曲线的数目（b）：完整图案的曲线的数目等同于剩余部分所必需的曲线的数目（一个三线四列网格的曲线），或者当网格仅由正方形组成时，最后一个正方形的曲线的数目。

最初的点状网格有助于沙画说唱艺人或沙画专家记住图画。列和线的数目取决于所希望的图案和故事。比如，人们寻求的是一只鸡在地上留下的痕迹，那它就是由这样一幅画表现出来的，其最初的点状网格具有由 6 个点构成的线段。多亏了这种方法——一个古代的坐标系统的例子——沙画说唱艺人将对一整幅线条画的记忆简化为对两种数目的记忆，即线条和列。

类似纺织品的沙画是它们中最简单的一类（图 1）。在它们中，有些是由单一一条连续的曲线构成，它在回到最初的点之前，绕过了网格的每一个点，其他则要求由数种曲线构成的草图。位于路易斯安那州的什里夫波特大学的马克·施拉特（Mark Schlatter）分析了纺织品图案上的沙画的数学特性，以

沙画专家画出了他们那些外形光滑而连续的绘画，有条不紊。

59

图 3. 沙画说唱艺人或者沙画专家，是自己民族，即乔克维人传统的捍卫者。他讲述的这些故事是通过绘画来表现的，即用他的手指在沙地上画出来的线条画。他事先画出了一个点状网格。

及另外一种被称为狮子腹部的系列的数学特性，并指出了在何种情况中，一条单一的曲线足以画出整个的线条画，而在其他情况中，必需有数条曲线。换言之，在给定了线和列的数目之后，对于画出一个完整的图案而言需要多少曲线？

首先，受到位于莫桑比克的马普托大学数学教授保卢斯·格德斯（Paulus Gerdes）的想法的启示，他把绘画想象成这样一种光线的轨迹，它位于一个墙壁是镜子的长方形围墙之中（图1, c）。光从围墙的一个角落发射出来，其方向和一个边构成了45度角。因此，光线经过了网格的对角线，被反射在墙壁上。

而后，他在第一步确定的是，一个正方形的网格，它的边有n个点，需要n条曲线（图2）：实际上，当人们引入一个坐标系以确定网格的点的位置时，一条曲线从点（a, 0）出发，到达了点（n + 1, n + 1－a），而后是点（n + 1－a, n + 1），最后是点（0, a），这才回到最初的点。每一条曲线在回到它最初的点之前都会重新反弹三次，因此它经过了四条对角线：总之，人们画出n条曲线，以经过网格所有的对角线。

接着，数学家将一个给定的纺织物的图像分解成正方形（图2）并指出，整个图像要求的曲线的数目等同于剩下的图案的数目，或者当网格仅由正方形组成时，最后一个正方形的曲线的数目。比如，一个三线四列的图案可以被分解成一个九个点组成的正方形网格，以及一个三个点组成的列，仅用一条曲线就足以走完。在整个图案中，最后一条曲线和正方形网格的三条曲线只能组成单一的一个。相反，对于一个二线四列的图案而言，我们去掉了一个边是两个点的正方形，留下的是一个一样的正方形，要在这样一个四个点的正方形网格上画出纺织品图案，两条曲线是必需的；两条曲线因此对于整个图案也是必需的。对于和第一个正方体分开后余下的网格，如果它仍然重要，人们便重复同样的操作，直至得到一个简单的图案。

这一过程类似于确定两个给定数目的最大公约数，在这里是列的数目和线的数目。当划分不考虑一条单一的线（或单一的一个列），这两个数目只有一个最大公约数，它是它们中最早的：唯一的一条曲线足以构成完整的图案。因此，一个纺织品的图案使一些曲线变得必不可少，它等同于列和线的数目的最大公约数。

这位数学家而后研究了狮腹系列的线条画（图1，d）。它们符合一条在这样的围墙内的光线的轨迹，我们在其中放置了水平的具有两个反射面的镜子，它们位于偶数列的点之间。为了确定对于这样一个图案所必需的曲线的数目，他分析了这些曲线从一个列（有或者没有镜子）到下一个列的过程中的变化（图4）。

我们在这些曲线交叉之后，对它们进行编号，比如从1到6对一个三行五列的网格进行编号。一个列的转移改变了这些线条的秩序：在没有镜子的列之后的线的排列被标注为A，在有镜子的列之后的排列被标注为B。由这些线所组成的排列——除了网格的最后一列——的整体因此构成了一个由A和B组成的"词语"，BAB就是我们的例子。

因此，对所有有着m线和n列的狮腹，我们都可以写出一个由B和A交替组成的词语，因为镜子被置于两个列中的一个。当我们认识到，连续的两个B类型的排列让线条的秩序维持原状，这些词语便可以被简化。同样，2m个连续的A类型的排列会互相抵消。此外，我们还要指出，$BA = A^{2m-1}B$ 。最后，得到的每一个简化的词语都是 A^jB^k 的形式，k等于0或者1，而且j是正的。狮腹系列图案的词语是BABABA……或者 $B(AB)^k$。通过分析K不同的值，施拉特指出，当 n − 1 是4的倍数时，这样一个m行n列的图案让唯一一条曲线

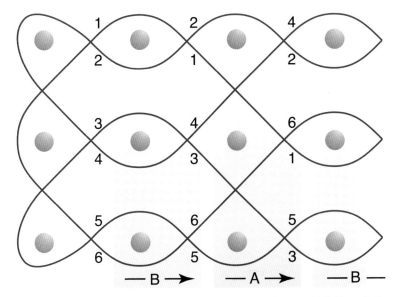

图 4. 我们确定狮腹系列线条画的曲线数目的方式是，随着曲线通过列，研究它们（在第一列的曲线交叉之后，从一到六被编号）排列的两种类型（A和 B）。排列 A 对应没有镜子的一个列的转移，排列 B 对应一个有镜子的列的转移。对排列组合的分析——这里是 BAB——表明，当 n - 1 是 4 的倍数，一个图案就只需要一条曲线，否则就是 m 条曲线了。

变得必要，否则就是 m 条曲线了。

  对乔克维民族的沙画的研究超越了人种学的范围，并让一个新的数学分支得以出现，即隆达几何学。

正方形和树形图

对素材加以可视化的方法致敬的是荷兰画家，他因抽象作品而知名。

这一方法建立在树形图理念的基础上，

一种在蒙德里安作品的演化中至关重要的图案。

从 2014 年 10 月到 2015 年 4 月，位于华盛顿的美国科学院提出要举办一场让人震惊的展出，主要作品之一可以在第 78 页看到。这是荷兰画家皮特·蒙德里安（1872—1944）的一幅作品吗？它和作品《构图 C（第三号），红、黄、蓝》（第 67 页）的相似性确实让人困惑。事实上，展出被命名为"每一种算法中都包含了艺术：数图艺术项目"，专为本·施耐德曼（Ben Shneiderman）的作品而设，他是马里兰大学帕克分校信息科学的资深教授！抽象派艺术的先锋和信息科学之间有着何种关联？它们比看上去的要深刻得多。

首先，让我们看一看，被认为出自蒙德里安之手的作品包含着什么。这是一幅树图，也就是说，一种对数据进行可视化的方式。该理念旨在根据一种等级模式去描述有限空间内的信息，在这种情况下，该空间是一个长方形。这个概念是施耐德曼自己在 20 世纪 90 年代初创造的。

该理念旨在根据一种等级模式去描述有限空间内的信息。

面对经常饱和的计算机服务器，他力图对庞大的数据和文件进行标识。他发展出了一种方法以描述这样的空间，它为存储磁盘

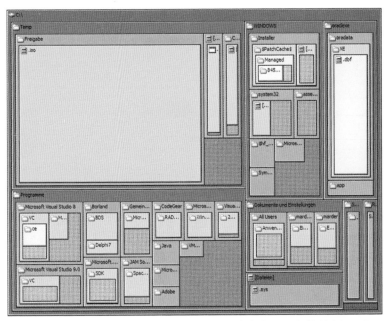

磁盘空间可视化为树图，它为硬盘 C:/ 上的文件和子文件所占据。每一根树状的枝条都变成了这样一个长方形，它接下来又会为和次级树枝对应的更小的长方体所铺砌。

要素中的每一种所占据。其出发点是内容的树形图（treemap 中的 tree 表示树）：每一根树枝都被转化为一个长方形，后者而后又为和次级树枝对应的更小的长方形所铺砌，如此重复下去，直至文件出现，而文件同样通过长方形来表现。每一次，长方形的面积都和其内容的容积成正比（上图）。一种算法负责确保集合同样占据一个长方形。

其他特征，诸如颜色有助于在一套数据中进行标识。归根到底，树形图以及附属于它们的元素被投射到一个平面或者一张地图（英文的 Map）上，有点类似于人们从下方看到的一棵树的样子。

本·施耐德曼设计的树形图始于美国网络电台排行榜。最靠前的20位艺术家被一个长方形所代表的，其表面说明了他们的流行度（他们被收听的次数）。

　　这一方法取得了成功，人们现在借助它来表现和分析国家预算、选举的详细结果、一个国家的出口的种类，世界的城市人口、世界一氧化碳排放……蒙德里安的树形图又如何呢？

　　施耐德曼对一个美国网络电台在其十周年时设计的排行榜感兴趣。最受欢迎的艺术家被一个长方形所代表，其表面说明了收听次数。颜色和风格对应：摇滚是白色的，流行乐是黄色的，另类音乐是蓝色的，嘻哈是红色的。对树形图的颜色的选择在这儿是在向蒙德里安致敬，并非偶然为之（下页）。实际上，艺术史家很重视树木图案所占据的核心位置，它引导这位艺术家走向了抽象派艺术。

　　概而言之，直至20世纪头十年的末期，树经常出现在蒙德里安

66

皮特·蒙德里安（1872—1944），《构图 C（第三号），红、黄、蓝》

的绘画中，但它们主要还是风景画中的要素，它们此后成了其中必不可少的部分。《盖因河畔的树》(1907) 或《夕阳下的红色白杨树》(1908) 都是如此。接着，树成了独特的主题，尤其是在《夜：红树》(1910) 和《灰色的树》(1911) 中。最后，向抽象艺术的转变是从《开花的苹果树》(1912) 和《构成七》(1913) 开始的。树变得越来越模糊，并慢慢为垂直和水平的线条所取代，隐约可见是树枝。蒙德里安是树形图的精神之父！

提早了五个世纪！

中世纪伊斯兰艺术家所设计的装饰要早于非周期密铺，

后者被发现至今仅有 40 年之久。

伊斯兰艺术引以为豪的杰作让人赞叹不已，其遗迹分布区域西起西班牙，例如格林纳达的阿尔罕布拉宫（Alhambra），东至印度，那儿有泰姬陵。为数众多的这类建筑遗产建造于 10 世纪至 15 世纪间（伊斯兰教的中世纪），它们都装饰着之字形的线条和复杂的图案，比如位于伊朗伊斯法罕（Ispahan）的达布伊玛目（Darb—i Imam）的陵墓，它建于 1453 年（第 70 页）。这些装饰是如何被设计出来的呢？最广为接受的假设认为，艺术家们是在圆规和尺的帮助下设计出它们来的。然而，哈佛大学的陆述义和普林斯顿大学的保罗·斯泰恩哈特（Paul Steinhardt）提出了另一种制作模式。在他们看来，这些图案可能是基于五种基本多边形而制成的密铺。

以位于阿富汗赫拉特的霍贾·阿卜杜拉·安萨里（Khwaja Abdullah Ansari）陵墓（图 1）为例，我们可以看到人们如何用两种方式来建造它。首先，我们可以从中看到一种图案的重复，包括了一种可以用尺和圆规画出来（图 2）的十角形图案。

多亏了这些多角形的样式，装饰家们创造出了所有类型的图案。

然而，我们也可以用多角形设计出中楣（图 1，右侧）。这些多角形是按照如下程

68

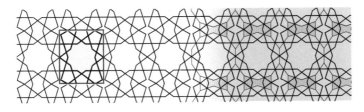

图1. 在霍贾·阿卜杜拉·安萨里陵墓的装饰要素中，可以在红色正方体中看到一种重复的图案。

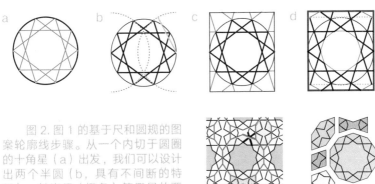

图2. 图1的基于尺和圆规的图案轮廓线步骤。从一个内切于圆圈的十角星（a）出发，我们可以设计出两个半圆（b，具有不间断的特征），其半径（橙色）等于星的两个顶点之间的距离，它们被第三个顶点所隔离。我们因此能够确定一个长方形，并将构成了十角星的线段延伸进该长方形中去（c）。借助两条与含有星的圆形（d，玫瑰色）相切的水平直线，我们就可以画出最后的那些部分（蓝色）。最后，我们可以在星的内部去除多角星（绿色），从而获得重复的图案。

图3. 霍贾·阿卜杜拉·安萨里陵墓的装饰要素可以借助三个基本多边形获得，在这里它们呈绿色、蓝色和红色（左侧，它们的构造）。通过两个其他的多角星（右侧，紫色和黄色），这些由线条装饰而成的图形足以复原大多数伊斯兰教艺术中的著名图案。

序得到的：取成对的、在十角星外部交叉的线段（图3，浅蓝色），画出宽角的等分线（紫色），并将它们的顶点连接起来：这种装饰的三种多边形（绿色、蓝色和玫瑰色）就是这样画出来的。同样的原则应用于另外一种装饰后，产生了另外两种（黄色和紫色）三角形，

69

达布伊玛目（Darb—i Imam）的陵墓，1453，伊斯法罕，伊朗

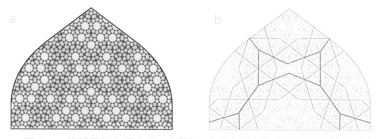

图4. 一种新事物出现在了15世纪：自相似性。在达布伊玛目的陵墓上，划定出空间的那些多角形（a，红色的轮廓线）自身也被更小的多角形所铺满（b）。装饰性的线条是用绿色勾画出来的。

我们因而拥有了五种由线条装饰而成的基本多角形，它们足以复原多数的著名图案。某些手稿，比如收藏于伊斯坦布尔托普卡帕宫的15世纪的手稿，表明艺术家们确实使用了这样的多角形。

基本多角形具有显著的几何学特性。首先，它们所有的边都有同等长度，两条装饰性的线条在每一条边的中间交叉。而后，每一条线都和与它相交的边构成72度和108度的角。因此，多角形可以合并起来，装饰性的线条可以从一个多角形延伸到另一个，并无需改变方向。最后，由于所有的线条都和角形成了36度的倍数的角，所有最后密铺的线条都和五角星平行了。如果一个铺砌了平面的图案具有重复性的话，这种五重对称是不可能的。

这种技法可能简化了装饰师的工作：他们利用多边形的模型去制作和设计所有的图案类型，其中有些是很难用尺和圆规得到的。此外，为了变换花样，艺术家们把这些通过装饰性线条设计出来的图案涂满颜色，比如在达布伊玛目的陵墓上。

在这一装饰上，我们可以观察到一种重要的新事物，它出现在15世纪：艺术家们发现了自相似性！实际上，空间是根据大多角形划分的（图4），而它们自身也被更小的多角形所铺砌。

这一和五边形对称性紧密相关的特性足以用于制造非周期平面密铺，而数学家们发现它们的时代是……20世纪70年代。其中最出名的出自数学家罗杰·彭罗斯（Roger Penrose）。没有什么能表明数学家和中世纪伊斯兰艺术家们明白他们手中的东西为何物，然而这丝毫无损于他们的成就。

一个受数学启发的衣橱

日本服装设计师三宅一生用几何定理设计了一系列时装，庞加莱猜想，也是被该定理证明的。

    2010 年 3 月 5 日，设计师三宅一生在巴黎的卢浮宫卡鲁塞尔厅展示了他最后的系列时装（下页）。在观众队伍中，除了时尚记者之外，我们还发现了两位荣获菲尔兹奖的数学家：俄罗斯裔的法国人马克西姆·孔采维奇（Maxim Kontsevich）（于 1998 年获得）和美国人威廉·瑟斯顿（William Thurston）（于 1982 年获得）。然而，数学家和衣服之间的联系古已有之：法国数学家艾蒂安·吉斯发现，他的俄罗斯同行帕夫努特·契贝舍夫（Pafnouti Tchebychev，1821—1894) 在 1878 年的时候，在其文章《论衣服的裁剪》中关注了服饰的变形问题。自那以后，人们就可以思考它们的存在了。数学是否隐藏在衣褶、流苏和覆盖于假模特身上的织物中？是的，时装受了一种定理的启发，即几何定理，它又是在 20 世纪 80 年代初由两位"意料之外的"观众中的一位（威廉·瑟斯顿）所提出的，并由俄罗斯人格里高利·佩雷尔曼（Grigory Perelman）于 2003 年完成的。为了理解这点，我们就得回到 20 世纪初法国数学家亨利·庞加莱的研究中，尤其是他所提出的若干猜想中的一条，也可以被表述如下：我们可以让所有封闭的、因而容积有限的三维形状变形，但不在三维的球面上留下窟窿。直至威廉·瑟斯顿和格里高利·佩

三宅一生（1938—）
2010 年春夏装

雷尔曼的研究出现之前，数学家们就这一命题的有效性分成了几派。他们在几何化定理上达成了一致，而庞加莱的猜想就是该定理的一个特例。这一结果将数学的两条相近的分支联系了起来，即拓扑学和几何学，但它们先天不同。前者关注的是物体的形状，比如足球和橄榄球是一致的，因为如果它们具有弹性的话，我们可以把一个变成另一个。相反，在几何中，我们研究的是长度和刚性图形。

拓扑学使得一种对所有没有边界、可定位以及"有限面积的"表面进行的分类得以可能。事实上，我们可以区分出球体和环面（标注为 T^2），就是救生圈以及"家用救生圈"。让人惊奇的是，每一种类型的表面都可能具有一种特定的几何学，分别是球体、欧几里得和双曲几何学。让我们来看看这意味着什么。

球形几何学适用于一个球体的表面，例如地球的表面，在该表面上，某些三角形有三个直角，或者说，一个三角形的角的和大于 180度等等。其次，我们在学校里学到的几何学对应的是一个环面的表面。最后，双曲

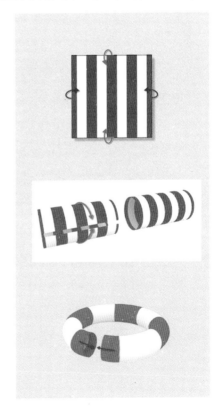

几何学（一个三角形的角的和小于 180 度）对于多孔"家用救生圈"而言是成立的（孔的数目）。在这三个例子中，几何学是一致的，因为它并不取决于被称为类表面上的特定区域。无论在球体上的哪个区域，一个给定的三角形具有同样的几何学性质。

环面的表面的几何学是否是欧几里得几何学呢？是的！为了让我们相信这一点，我们来介绍一下"黏着空间"（recollement）这个概念，它有助于揭示三宅一生的长衫的秘密。我们取一个正方形，将它的两个对角贴合在一起：折出的是一个圆柱体。两个顶端由此呈圆状，对它们进行同样的操作，我们便得到了一个环面（上页）。在最初的那个正方形上，一条直线和一条边接触后，可以继续在其对边上延伸。因此，对于一个四方体的表面有效的，即这里所说的欧几里得几何学，对于环面的表面仍然有效，二者是等同的。需要明确指出的是，只有因为我们可用正方形铺砌平面（欧几里得几何学应用的空间）时，上述说法才不正确。

对不止一个孔的救生圈来说，这就不再成立了。因此，二孔救生圈和与八边形的黏着空间一致，我们无法用这样一种图形来铺砌平面。在这里，几何学不再是欧几里得几何学，而是双曲几何学。时装表演用到的装饰就是一个插入三维空间的双曲平面（第 90 页）。分段在三种基本的拓扑形状（球体、环面和救生圈）中，球体的特点在于缺少能够收缩的曲线，也就是说，我们可以缩短任何在该表面上画出来的曲线，直至得到一个点。其他结构的情况有所不同。

让我们到更高的维度上去。我们将一个三维球体（标注为 T^3）定义为（我们从这样一个立方体出发进行想象）它的相对的面二对二地黏合在一起，这和为了获得一个环面 T^2 而对一正方体的角施加的做法类似。同样，一个球体（一个两维的平面）的对等物是一个三维的球体（标注为 S^3），也就是说点的集合体（在一个四维空间中），它们和一个固定的中心保持着一定的距离。我们因此可以将庞加莱猜想重新表述如下：在一个至少具有四维的空间中，如果一个三维空间所有的曲线都是可收缩的，那么这个空间在拓扑学上等于球体 S^3。

通过将两个圆状物边对边"缝合"在一起，我们就可以得到球体 S^2。同样，我们可以将球体 S^3 画成两个紧挨在一起的球状物：当我们在其中一个的里面移动，在碰到了边界后，就进入另外一个球里了。

对二维的空间来说，我们看到了存在着三种同质的几何学。威廉·瑟斯顿指出，对于三维的物体，相应的几何学的数量有八种之多。是不是所有三维的空间都具有这八种同质的几何学中的一种呢？非也，但是数学家设想的是，所有的空间都可以沿着球体和环面将之切割成这样的片段，它们各自接受这八种同质的几何学中的一种。论证将之变成了一种定理，即几何化的定理，它证明了庞加莱猜想。在时装表演之前，还有最后一个概念不可或缺，即外科学的概念。对于三维中同质的这八种类型的几何学的每一种，该理念让它可以去描述接受该几何学类型的三维空间的实例。外科学取消了环形结（分散在 S^3 中的纽结的集合）的邻域，并以不同的方式将之粘贴起来。20 世纪 60 年代初的定理规定了，

两位因菲尔兹奖而著称于世的数学家出席了时装表演。

77

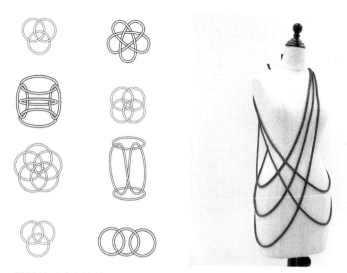

瑟斯顿（左侧）的八种环形结，其中一种就在一个假模特（右侧）身上，它也可以被称为是一件衣服。

所有维度 3 的空间（没有边界，可以定位，体积有限）可以借助环形结的外科学，从 S^3 出发而获得。威廉·瑟斯顿描述了八种环形结（上图），它们可以通过外科学而导出一个接受八种几何学中之一种的空间。

三宅一生团队的艺术指导是藤原大（Dai Fujiwara），他们受了这八种环形结的启发，设计出了他们最新的服装。这些环形结构成了最早的纬纱，用以设计服装（上图）。后来人们在其中增加了染色的面料，就是假模特身上穿的。

莱昂纳多·达·芬奇的错误

一个 26 面体，即小斜方截半立方体，向莱昂纳多·达·芬奇和另一位 15

世纪的画家发出了挑战，他们都想把它画出来。

但这两位都搞错了。

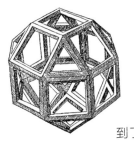

1496 年，意大利僧侣、数学家卢卡·帕乔利（Luca Pacioli，1445—1517) 受当地权贵卢多维科·斯福尔扎（Ludovico Sforza，1452—1508) 之邀来到了米兰。他在那里碰到了莱昂纳多·达·芬奇，并向后者传授数学。

两人结下了深厚的友谊，以至于在 1499 年，当他们的保护人因为被法国国王路易十二的军队罢免而失势时，他们一起去了曼图亚。

帕乔利在米兰撰写了他的伟大著作《神圣比例》，该书于 1509 年在威尼斯出版，我们知道它有三份样本：第一份献给卢多维科，收藏于日内瓦，第二份在米兰，第三份则销声匿迹。刻印版都来自莱昂纳多·达·芬奇。该著作第一部分"神圣比例概要"探讨的是黄金分割率，我们可以在其中找到 60 种多面体的图画。荷兰数学家、艺术家里纳斯·罗洛夫斯（Rinus Roelofs）对其中一幅颇感兴趣，还在其中发现了一处差错，后被比利时数学家德克·休伊尔布鲁克公之于众。

成问题的多面体是小斜方截半立方体（上页），莱昂纳多·达·芬

. C X .

VIGINTISEX BASIVM ELE
VATVS VACVVS ·

XXXVIII

VIGINTISEX BASIVM ELE
VATVS VACVVS ·

XXXVIII

一个建立在莱昂纳多·达·芬奇的
小斜方截半立方体上的多面体。
卢卡·帕乔利的《神圣比例》。

　　图1. 莱昂纳多·达·芬奇的多
面体的信息科学模型，它是通过在
每一个面建立起锥形体而得来的（顶
端，左侧）。正确的多面体通过信
息技术嵌入木版，揭示出了莱昂纳
多的差错（箭头）。

80

图 2. 雅各布·德巴尔巴里 (Jacopo de' Barbari, 约 1445—1516)，他在其《卢卡·帕乔利的肖像》中描绘了一个小斜方截半立方体。线条的表现方式并不准确，就如图 3 的模型所证明的。

图 3. 这个小斜方截半立方体的模型中装满了一半水，冒犯了雅各布·德巴尔巴里！

奇笔下的这幅素描出现在《神圣比例》中。问题在于阿基米德的一个多面体——它的面并不必然是一样的——由 8 个三角形的面和 18 个正方形的面组成。24 个顶点中的每一个都由一个三角形和 3 个正方形相交而成，而其中的三角形周边都是正方形。此外，该多面体具有一种八面体的对称性，就像立方体。我们称之为小斜方截半立方体，因为它的 12 个正方形的面和菱形十二面体的 12 个面（菱形）位于同一个平面上，后者是截半立方体（8 个三角形的面和 6 个正方形的面）的对偶。值得注意的是一个多面体的对偶的顶点和该多面体的面的中点是对应的。

基于这个多面体，通过在每一个面上建立起这样一个棱锥体，它除了底座之外还具有 3 个或 4 个面，我们就可以建立起另外一个多面体，一个衍生出来的多面体。莱昂纳多·达·芬奇在《神圣比例》的一幅版画上画的正是这样的一个物体（第 92 页，顶端）。一项严谨的研究揭示了错误所在：图画最底下的锥形体应该具有 3 个可见的面，而不是 4 个（红色箭头）。信息科学模型（图 1）和里纳斯·罗洛夫斯的一件雕塑（插入原始刻板的画）验证了该判断。其他锥形体（由黑色箭头表示）看起来并不一样，但疑问依然存在。

值得称道的是，莱昂纳多·达·芬奇是首位描绘这样一种几何构造的人，他可资凭借的只有他的朋友帕乔利的指导。他无疑没有任何参照，至少无处可以入手。

小斜方截半立方体对最优秀的艺术家们变花招。

没有任何参照吗？然而，在画家雅各布·德巴尔巴里献给卢卡·帕乔利的画像（图 2）上，悬挂在他右侧的固体确实是一个小斜方截半立方体！让我们更仔细地看这幅画，其标注日期为1495年，作者存在争议。帕乔利身着方济各会修士的服装，在一块写着"欧几里得"的石板上阐发后者的定理。他的左手搁在《几何原本》上，书在第13卷上摊开着。在右侧的桌子上，一个木制的十二面体放在一本书上，可能是帕乔利于1494年出版于威尼斯的《算术、几何、比及比例全书》。第二幅画上的人的身份不确定：一些人认定是圭多巴尔多一世·达·蒙特费尔特罗（Guidobaldo 1er de Montefeltro），乌尔比诺的第三任大公，其他人认为是阿尔布雷特·丢勒。

小斜方截半立方体看起来是玻璃制成的，因此应该有点分量，尤其是里面还装了一半水。这样一个容器又是如何被一个如此之细的线挂起来的呢？这个时代的手艺人是否有能力为如此复杂的物品制作密闭接头？这些问题在这个模型的真实性上投下了疑云。其他迹象更具说服力：该画作中对细绳的表现，尤其是它穿过水和玻璃之后的折射，并不是真实的，小斜方截半立方体的现代版可资为证（图3）：线应该是被剪断的，和人们在画上看到的正好相反。

因此，德巴尔巴里和达·芬奇都在没有参照的前提下画出了小斜方截半立方体。公允地说，对于一个26面的立体来说，这已经很成功了！

天文馆

仰头见明月……还是太阳？

在他的一幅画作上，梵·高画了一颗让所有的艺术史家百思不解的淡红色的星：这是太阳？还是月亮？它是在上升？还是在下落？

天文学家进行了回答。

1889年6月16日至18日间，文森特·梵·高在普罗旺斯地区圣雷米画了《星光之夜》。这一日期是通过仔细阅读画家寄给其家人的信件而得以确认的，尤其是寄给他弟弟泰奥的信。然而，对于其他作品，艺术评论家和史家却毫无头绪。比如，有一幅署了别名"F735"的画作就是如此（第89页），该作品收藏于荷兰的克勒勒·米勒 (Kröller—Müller Museum) 博物馆中。在画的前方，有一块地被墙围了起来，里面晒着一堆干草垛。在后方，几座山（属于阿尔皮山脉）部分地遮住了天空中一个巨大的橘红色圆圈，时值日出月落之际。这幅画是哪一天画的呢？画笔下的天体是月亮还是太阳呢？这一天体是在上升还是下落呢？

从1889年5月8日至1890年5月16日，梵·高困顿不堪，滞留在阿尔勒，而后去了圣保罗修道院，最后是圣雷米。在他内心稍归平静的一年，他完成了大约150幅绘画和140幅素描。在和他弟弟泰奥的通信中，梵·高数次提到，他感觉自己的卧室和牢房一样，在这个被墙围起来的地方的上面，他看到了太阳升起，有时则是金星。因此，《F375》画的是一颗升起的天体。但究竟是哪颗呢？

画作被归入了由雅各布—巴尔特·德·拉法耶 (Jacob—Baart de la Faille) 于 1928 年建立的目录中。该目录对画家的作品进行了精心整理，在第一版中，《F735》加上了副标题"日落"。1937 年，在另一份目录中，副标题成了"月升（干草垛）"，绘于 1889 年 8 月至 9 月间。最后，在 1970 年德·拉法耶的目录的最后一版中，《F735》的副标题改成了"月升：干草垛"，日期定为 1889 年 7 月 6 日。最近的一份目录来自 1996 年的扬·胡尔克 (Jan Hulsker)，它再度采用了这些信息。这些研究用处不大！

然后，在一封寄给泰奥的信中，梵·高讲述了一幅正在进行中的绘画，他证实了所画之天体就是月亮。在 1889 年的夏天，艺术家旧病复发，大约有六周时间没有动过画笔。这幅画是完成于这段间隔期之前还是之后呢？这封信没有署下日期，让事情更为扑朔迷离了。只有一件事情是确定的，该画完成于 1889 年 5 月 8 日——梵·高到达圣雷米的日子——和 9 月末之间，那时泰奥在巴黎收到了这幅画。

橘红色的天体要么是在日落时分升起的满月，要么是太阳下山不久之后接近完满的月亮。信息科学的演算表明，仅有的可能的日期是 5 月 15 日至 17 日间，6 月 13 日至 15 日间，8 月 12 日至 14 日间，以及 9 月 9 日至 11 日间。此外，我们可以在山丘上看到一种"双重房子"。这两个因素经常出现在梵·高绘于这一时期的作品中，只可能是他想象的产物。唐纳德·奥尔森（Donald Olson）是得克萨斯西南州立大学的天文学家，他亲赴圣雷米，以确定梵·高绘画完成于当地时间 21 点 08 分。

绘画区域的地平经度（一个物体的垂直面和观察地点所经之经线所构成的角度）和该区域所见之群山山巅的高度。这些计算不是在圣保罗医院完成的，它一直在营业，也不是在取代了那片围墙环绕之地的花园。实际上，一片松树林现在已经遮盖了风景的一部分，尤其是双重房子，但它还存在着，距离圣保罗修道院的东南方有 640 米远。

但是，地形图和航拍的研究，以及在靠近修道院的另一个区域对月亮、太阳和其他天体的观察得以确定梵高的视点（下图）：它位于被围墙圈起来的地方，靠近北面的墙（可以在绘画的左方见到），他从北面，在大约 126 度的地平经度上看到了凸起。此外，这一凸起高于地平线 4.5—4.75 度。在修道院的纬度上（朝北 43° 47'），天体从凸起处升起，赤纬（一个天体相对于天球赤道的距离）为 − 21.5 度。信息科学起了作用，仅剩可能的日期是 1889 年的 5 月 16 日或 7 月 13 日。

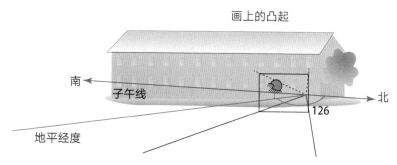

梵·高画了月升（标注为 F735），地点是邻近普罗旺斯地区圣雷米的圣保罗。我们可以确定画上的部分地点（红色），还有其画笔下悬崖的地平经度（从北开始算为 126 度），也就是子午线（蓝色）和物体方向（绿色）之间的角度。

在一幅名字被标注为"F617"，有着同样景色，日期追溯到 6 月末的画中，梵·高画了一个割麦的农民。同样，画作 F735 肯定绘于 7 月 13 日，在收获期之后。

那一天，月亮几乎是盈满的。因为月亮只能在两分钟内经过悬崖前方，我们可以更为明确的是：月亮是在 21 点 08 分左右被画下来的，当地时间！

文森特·梵·高（1853—1890），《F735 月升（干草垛）》

消失的月亮

爱德华·蒙克是个漫不经心的人，以至于他在好几幅画里忘记了月亮的反射光？非也，他遵从了光学的法则。

　　爱德华·蒙克 (1863—1944) 是绘画上的表现主义先锋，其作品以那些悲伤、阴郁的画作为代表：《病孩》《呐喊》《夜》……然而，在进入 20 世纪时，他经历了自己的"美好年代"，他的画作变得更为尖锐，风格也更具观赏性，《桥上女孩》就是明证（下页）。他于 1901 年夏天在奥斯高特兰画下了这个场景，那是克里斯提尼亚

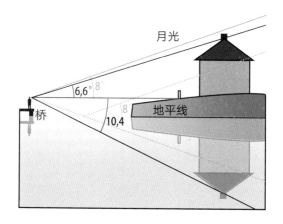

　　反射的法则解释了蒙克所画之倒影中为何没有月亮，它处于一座高出水面 336 米的桥上。月亮无限遥远，在水中的反射角度等于它和观察者的地平线（红色）构成的角度。然而，房屋的倒影阻碍了月亮被映出来，这一倒影被观察到的角度不同于真实建筑所构成的角度。

爱德华·蒙克（1863—1944），《桥上女孩》

（Christiania）时代奥斯陆峡湾西岸的一个海滨浴场，它将成为 20 多种绘画、版画和石版画的题材。1933 年，奥斯陆国家美术馆馆长将《桥上女孩》视为"蒙克最为伟大、最为著名的画作"。该画还向天文学家提出了两个难题。左侧所画之天体究竟是月亮还是太阳？是升起还是落下。还是午夜的太阳？还有，为什么这个天体没有倒影？得克萨斯州立大学的唐纳德·奥尔森和其同事对此进行了回答。

午夜的太阳一开始就被排除了，因为奥斯高特兰位于北极圈的南部。相反，在这个纬度上，如果太阳一直落下，那么夜晚便永远不会完整，我们所讲到的白夜就发生在夏至的时候。至于天体的身份，一些评论家认为它是月亮，另一些人认为是太阳，还有一些则不敢下定论。那么，该如何解决呢？那就是实地考察。

天文学家很容易就找到了蒙克架起画架的地方，还测定了多个参数。考虑到桥的翻新，他们还指出，蒙克是在地平经度（物体的方向和地理学上的北方所构成的角度）63 度上看到他所画的这个天体的。这一天空区域中的那些天体如果是从奥斯高特兰看到的，那它们所具有的赤纬（一个物体和天体赤道区之间的角度）包括了 −18 度和 −20 度。所以，这只可能是太阳（它始终在夏天天体赤道区的北方，也就是正赤纬）。他笔下的天体因此是一个满月（或接近盈满）。

我们接着讨论一下峡湾的水中倒影里没有月亮的问题。一些人提出了符号学或者精神分析的解释。然而，光学和反射法则就已经够了。天体位于水上方的 3.4 米处，其范围延伸到了房子周围白色栅栏的底部，而我们又是在这些年轻女孩

反射的法则解释了蒙克所画之倒影中为何没有月亮。

的头顶上方看到这座房子的。月亮下的这座建筑离画家所在的地方有 100 米远，并高过大海 15 米。三角法（第 90 页的图）告诉我们，将画家和屋顶连在一起的直线和地平线构成了 6.6 度的角。屋顶的图像因此是从高于大海 15 米的高度被看到的，等于在画家的水平线（即 10.4 度角）"之下"18.4（15+3.4）米。我们通过计算就可以确认，这个被我们认为无限遥远的月亮（它的光线是平行的）是以超出水平线 8 度的角而被观察到的，即在那座房子的上方。被反射的月亮本来应该以同样的角度被观察到，但是这个方向已经被房子的倒影所遮盖了：月亮自然就消失了。这个现象同样解释了为什么房子的屋顶和其倒影并不一致。即便悲剧在蒙克的一生中如影随形，但他并未因此失去全部判断力。

装饰中的天文学······
在凡尔赛

18 世纪众科学的皇后

明显表现在了凡尔赛宫的装饰中。

从 1682 年至 1789 年路易十四、路易十五和路易十六统治期间，凡尔赛宫是皇家宅邸所在。和这座宫殿及其主人的生活交织在一起的既有奢华，也有悲剧，而宫廷的日常生活似乎主要是消遣娱乐和阴谋诡计。这一印象忽略了科学在凡尔赛的生活中所占据的位置——重要位置。实际上，很多学者都把他们的著作递交到那里，在那里授课，也可以在那里投身研究。多个轰动一时的实验就是在那里进行的，诸如在 1746 年 3 月 14 日的镜厅，由诺莱（Nollet）教士指挥的放电实验，电在 60 到 240 个人的身体（根据记载）上流过。

科学和王权之间的这些联系尤其表现在凡尔赛宫的各种装饰中，宫殿最早的扩建始于 1661 年路易十三的"陋"室的延伸。事实上，让一巴普蒂斯特·科尔贝尔（Jean—Baptiste Colbert）自 1664 年起就担任建筑总管，他管理着装饰上的肖像设计。然而，他同样是成立于 1666 年的科学院的奠基人。这种双重职责隐约出现在他所绘之图画中。

让我们关注一下《土星的马车》，它于 1671 年被委托给了法国画家和室内装饰家诺埃尔·夸佩尔（见第 97 页）。该作品表现了路易十四统治时期最为惊人的科学事件，即对土星的两颗新卫星的发现。在 17 世纪，天文学蓬勃发展着，这尤其要归功于伽利略的天文望远镜。有了这种装备后，这位意大利学者在 1610 年明确了木星的四颗卫星的存在，他将它们命名为"美第奇之星"——以此方式向他的保护者美第奇家族致敬。

同一年，他将他的工具对准了土星，即木星之后太阳系最大的行星，而后发现了光环，但他不能理解它们的性质。他曾经看到了一个长了"耳朵"的行星。

1656 年，荷兰天文学家克里斯蒂安·惠更斯（Christiaan Huygens）掌握了一种效力大于其前辈的望远镜（57 毫米镜头），这才明白，这个行星被一种光环所围绕着，他认为它是固体，并且由岩石所构成。他还发现了一颗靠近土星的天体：最早发现的这颗卫星将被命名为"泰坦"。泰坦的直径超过了墨丘利，是太阳系第二大的卫星，排在木卫三（木星的卫星）后面，也是唯一一颗被浓厚的大气所包围的卫星。

1666 年，惠更斯成了科尔贝尔皇家科学院的成员，参与了巴黎天文台的创建。受路易十四之邀，意大利天文学家让·多米尼克·卡西尼 (Jean—Dominique Cassini) 掌管了该机构。在 1671 年和 1672 年，后者发现了土星的另外两颗卫星，雅培（Japet）（它的一个半球发亮，另一个则没有光）和瑞阿（Rhéa）。在伽利略创立的模式中，这两颗天体被命名为卢多维西安之星（Sidera Ludovicea），是对王权的致敬。

卡西尼的发现迫使诺埃尔·夸佩尔修改了他最初的计划。实际上，这位画家构思的是土星之神的马车，单独一部为群龙所牵引的车。而后，他打算在第一个方案中加入一个女人，她被三个男童天使（男童天使就是脸蛋胖乎乎，面带讥笑的婴儿）所环绕，而这三个男童天使又被一个花环绑在一起；他们对应着这颗与神同名的行星以及当时已经为人所知的三颗卫星。花圈也许象征着土星的光环。卫星同样画在了神的四周，而神则坐在他的马车里。

我们要指出，装饰本来用于土星沙龙的天花板，但一直停留于纸面，因为房间在 1678 年被毁了，地方被腾出来建镜厅。相反，王后的卫戍厅的天花板装饰着《木星的马车》，同样出自夸佩尔，我们首先可以在上面认出代表卫星的四个男童天使，他们环绕在占据首要位置、代表行星的女人四周，其次，在木星周围，这次牵引着他所坐车子的是几只老鹰。

在 17 世纪，天文学和占星术依然和睦相处。夸佩尔在他首幅画作的前景中（底部、左侧和右侧）还画过宝瓶座和摩羯座，这两个占星术符号和土星自托勒密起就紧密相关。

卡西尼在 1675 年指出，土星的光环是由很多小光环组成的，它们被裂缝所隔开，其中最大的从此被称为"卡西尼缝"（我们今天已经知道了 13 种物质构成的光环和裂缝）。1684 年，他观察到了两颗新的环绕着行星的卫星，它们被称为特提斯和迪奥内。

而今，我们已经知道了 60 颗环土星的卫星：土星的马车都应付不过来这么多胖嘟嘟的婴儿了！

诺埃尔·夸佩尔 (1628—1707)《马车上凯旋的土星》(草图)

直至 19 世纪中叶，土星的卫星还只用数字来命名，从土卫一到土卫五。1789 年，英国天文学家约翰·赫歇尔（John Herschel）的父亲在土星的卫星家族中增加了米玛斯（Mimas）和恩刻拉多斯（Encélade），不过，到了 1847 年，赫歇尔提出了用泰坦的名字取代它们，这些最早的巨人神灵要早于奥林匹斯众神，因此，萨杜恩（译者注：即 Saturne，土星）也被称为克洛诺斯（Cronos），后者是最为出名的。

因而，夸佩尔的天花板在十多年之后将被抛弃，而卫星的数目则从 3 变成了 5。而今看来，这位画家无疑没有能力预见到他的行星寓意画，因为人们之后将认识到超过 60 颗天然卫星（其中一些的存在还在争论中）！马车将被男童天使遮掉⋯⋯

太阳，靠近了看！

靠着三种不同的质地，画家特纳得以画出了这样的一个太阳，它符合天文学家威廉·赫歇尔（William Herschel）的观察。

1801 年 4 月末，在伦敦的皇家美术学院所在地，人们积极筹备着下一次展出。自 15 岁起便是该机构成员的画家威廉·特纳（1775—1851）出现了，他做好了展出《狂风中的荷兰船只》的准备。在那个时代，针对天文学家威廉·赫歇尔 (1738—1822) 关于太阳的性质所做的报告，皇家科学协会暗中流传着种种议论。然而，在 19 世纪初，这两个让人敬畏的协会共享同一座大楼，即萨默赛特宫（Sommerset House），只有一块薄板将它们隔开。这块板子上面是否有足够的孔隙，好让艺术家和科学家进行交流呢？詹姆斯·汉密尔顿（James Hamilton）捍卫的就是这个假设，他来自伯明翰大学，是那位画家的传记作者。赫歇尔的观点启迪了艺术家，后者让太阳成了一个现实存在的物体，而不是一个简单的光的源头：《在马孔庆祝葡萄收获季的开始》成了第一幅以这种方式去表现太阳的画作。

事实上，1801 年 4 月 16 日，一个有关赫歇尔的研讨会就讨论了太阳表面的缺陷，它的光和热的传播的变化原因。赫歇尔描述了他所进行的观察，靠的是安置在望远镜中的滤镜（经过稀释的墨汁溶液）。在他看来，太阳是由一个黑暗的固态物体所构成的，一种透明的、有弹性的介质将它和一个发光层分隔。后者是活动的，天

三种质地解释了特纳笔下太阳的结核、浪峰和波流。区域 1：用画笔轻微敲击所涂抹出来的区域；区域 2：使用细线条；区域 3：略多磨光的区域。

文学家在那里还发现了一些洞口，它们使得这个固态物体看上去更为黑暗。光层同样遍布着"浪峰、波流、结核……"。

这些裂口今天被称为太阳黑子。我们知道，它们是由光球（外部光层）温度的局部下降造成的，和这种"冷却"相伴而来的是光传播的减弱。裂口的看法被弃用了。

让人吃惊的是，赫歇尔想象着这个固体心状物表面有居民生活着！此外，通过研究太阳黑子的变化，他还指出，太阳黑子越多，小麦价格就越高。这是第一个建立在太阳活动和气候之间的关联。

威廉·特纳 (1775—1851),
《在马孔庆祝葡萄收获季的开始》

　　因此，太阳对研究而言不再是不可能的了，并成了一个人们可以进行分析和描述的物理对象。这件事产生了很多影响，甚至在科学界之外都能看到。

　　特纳在周游法国回来之后画了《在马孔庆祝葡萄收获季的开始》，而在 1803 年的瑞士，赫歇尔的理论已经路人皆知。他又是如何掌

天文学家威廉·赫歇尔是第一个在太阳活动和气候之间建立起关联的人 。

握这一理论的呢？一个精心设计的测试表明,他使用了三种不同的技法去描绘太阳(第100页），这让他把握了物理上的真实性。绘画的圆面区域是画笔轻微敲击所涂抹出来的(区域1); 在另一个区域,使用了细线条(区域 2）；还有一个是靠了略多的磨光（区域 3）。总而言之，三种不同的质地实现了赫歇尔的观察，并让"结核、浪峰和波流"表现了出来。

人们没有掌握任何赫歇尔和特纳之间有直接联系的证据，但是我们都知道，这位画家认识多位科学家，值得一提的有古生物学者理查德·欧文（Richard Owen）、数学家玛丽·萨默维尔 (Mary Somerville) 和化学家汉弗莱·戴维（Humphry Davy）。即便我们不知道其中的媒介，也只能怀疑特纳风闻了赫歇尔的著作。

牢固的友谊同样将画家和物理学家迈克尔·法拉第（Michael Faraday）联系了起来。这两个人经常讨论——并测试——各类色素的特质及它们在 18、19 世纪伦敦的恶劣环境中的退化。他们也喜欢落日。物理学家因画家总体上很少对光学研究感兴趣而颇感遗憾，而特纳是"光的画家"，毫无疑问他不受这一批评的牵连。

1680 年的大彗星回来了？

2012 年，两位俄罗斯天文学家识别出了一颗彗星，它非常像出自 17 世纪
荷兰画家利夫·费许尔笔下的那颗。

两者之间有无近似关系呢？

2012 年 9 月 21 日，维塔利·涅夫斯基（Vitali Nevski）和阿特罗姆·诺维克诺克 (Artyom Novichonok) 发现天空中有一个闪亮的点。一颗恒星？一颗卫星？不，是一颗彗星：C/2012 S——也被称为"ISON"，名字源于安装在俄罗斯基兹洛沃茨克（Kislovodsk）附近的天文望远镜的名称（International Scientific Optical Network，国际科学光学监测网），彗星是靠了它才被发现的。

天文学家们因此兴高采烈：对于一颗远离太阳的彗星来说，它相对而言非常明亮，2013 年 12 月 26 日，它离地球有 6000 万公里，那将是它最靠近恒星（我们所说的近日点）之际，人们将看到美丽的景象。我们期待的是：夜空中的它是否能为肉眼所见，好为年末庆典助兴？自 2013 年 8 月起，当彗星接近太阳时，借助业余望远镜（第 105 页）就能看到它了。

让我们注意一下，一颗彗星就是一个由冰核和尘埃构成的小型天体。在靠近太阳的时候，这颗内核就会部分融化，逐渐消失，而在它周围，发亮的气层则被发光的彗尾拉长，即彗星的尾巴。这条尾巴可能会延伸到 8000 万公里之长。更为确切地说，ISON 是一颗

基尔希彗星是第一颗借助天文望远镜发现的彗星：但它是肉眼可见的！

所谓的贴地彗星，也就是说，它的近日点非常靠近太阳。

ISON 轨道的特征（长半轴、离心率、倾斜角……）让天文学家感到惊讶，因为它非常像 C/1680 V1，这颗彗星，其更为知名的称呼是"1680 年大彗星"，也被称为基尔希（Kirch）彗星。它被画进了荷兰画家利夫·费许尔笔下鹿特丹的天空中（如下）。这位艺术家也因其航海术而著称，对 17 世纪的造船业了如指掌。

彗星 C/1680 V1 是在 1680 年 11 月 14 日被德国天文学家特弗

利夫·费许尔 (1627— 1686)，
《鹿特丹上空的 1680 年大彗星》

104

彗星 C/2012 S1(ISON)，在它经过近日点时，被业余天文学家瓦尔德马·斯克鲁帕（Waldemar Skorupa）于 2013 年 11 月 16 日拍摄了下来。

里德·基尔希（Gottfried Kirch）发现的，它是柏林天文台的首任台长。基尔希彗星是第一颗借助天文望远镜发现的彗星。事实上，它有一条非常长的尾巴，费许尔的绘画就表现出了这一点。

在这幅画上，观众们手里拿的是什么呢？是雅各的权杖，或者测辐仪。在六分仪于 18 世纪末被发明之前，这些工具帮助天文学家测量角度。它们也对航海者或者土地丈量员有帮助。它们的用途自 14 世纪起就得到了证实。

彗星 C/1680 V1 也被称为牛顿彗星，它的发现同这位英国学者毫无关联，不过其轨道特征一方面被用来验证开普勒法则，另一方面也被用来描述万有引力定律。让人震惊的是，在 1684 年，其成就的首批知情者之一是他的朋友……天文学家埃德蒙多·哈雷（Edmond Halley），他计算出了1682年大彗星的周期性，这颗彗星从此刻上了他的名字。此外，哈雷在穿越英吉利海峡前往法国时，也观察到了基尔希彗星。

在1680年11月30日，基尔希彗星离地球有6000万公里远（我们在下一年的12月26日发现了ISON和地球之间的距离）。1680年12月18日，它距离太阳的距离小于100万公里，于12月29日达到了其亮度的峰值。它最后一次被观察到是在1681年3月19日。我们计算出来的是，它在2012年9月距离太阳有253个天文单位，约等于40亿公里。

如何解释彗星C/1680 V1和C/2012 S1在轨道上的这些相似性？它们不可能是一模一样的，因为基尔希彗星具有大约一万年的周期。2012年，美国布鲁克斯天文台的天文学家约翰·波特尔（John Bortle）提出，这两颗彗星可能是同一个早期天体的碎块。然而，此后积累起来的观察似乎否定了这一假设。不管怎样，ISON没有信守对2013年那些节日的承诺。景象没有预料中那么美丽：彗星在经过近日点的时候解体了。ISON的历史终结了？并非如此：它在移动过程中积累起来的数据弥足珍贵，为科学家提供了多年帮助。

第一幅写实主义的银河

1609 年，在逃往埃及的路上，德国艺术家亚当·埃尔斯海默画了一个由天体组成的银河：这是被禁止的！这位画家熟知伽利略的著作，正是后者在不久之前发现了银河系恒星的本质。

夏天，远离巨大的城区和它们的光线污染，你或许会花点时间，在一个万里无云的美丽夜晚看看天空。你会欣赏满天繁星，而白色的长条就是银河。对那些不具备有利的气象学条件的人而言，德国画家亚当·埃尔斯海默的《流亡埃及》让他们得以一睹无缘目击的风采（第 109 页）。该作品符合现实。

我们今天都知道，那条银河就是星系，它成螺旋形，位于太阳系的周围。我们的星系是一个直径超过 10 万光年的圆盘，容纳了大约 1000 亿颗星星。这一看法是自 17 世纪以来慢慢建立起来的。那人们以前是如何想的呢？

一则希腊神话赋予了银河以名字（古希腊的 Galaxias）。宙斯带走了年轻的赫拉克勒斯，也就是他的儿子，而后把他放在了被催眠了的赫拉的胸口，这样做是为了让这个小孩能够永生不死。他太过急切，无疑也很贪婪，突然弄醒了众神之王的妻子，她猛地推开了这个贪吃鬼（赫拉克勒斯是阿尔克墨涅的私生子，她是宙斯的玩物）：由于这一剧烈的动作，奶汁喷射了出来，固定在了天空中。另一则希腊神话则将银河说成是一场火灾留下的痕迹。银河系在华

埃尔斯海默将成为第一个在其作品中关注天体和星座的正确位置的画家。

人的世界被看作一条天上的河，对塔希提岛（Tahiti）的古代居民而言是大海的一条手臂，在澳大利亚土著人那里是一条大江，对印度人而言是陆上的圣河。

　　所有这些传说都有一个共同点：银河是一种连续的介质，最普遍的是将其看作液体。这些想象都未考虑到它的点状性质。长久以来一直如此，尤其在大部分西方学者的头脑

夜空（拉西亚天文台，智利），借助长时间的曝光，银河细节圆满地呈现了出来。

亚当·埃尔斯海默 (1578—1610),《流亡埃及》

中，他们始终受着亚里士多德的影响，一直持续到 15 世纪。实际上，在后者看来，银河是一种月下的大气现象，某种雾状的云。尽管其他人，比如德谟克利特（Démocrite）、托勒密、阿尔哈曾（Alhazen）和阿维洛依（Averroes）都提出过恒星起源说，但亚里士多德的看法占据了上风，这也是我们在艺术表现中所看到的。

然而，在埃尔斯海默的作品中，银河系是由多种小白点构成的，每一粒都对应一颗星星！实际上，在意大利帕多瓦大学的天体物理学教授弗朗西斯科·贝尔托拉（Francesco Bertola）看来，这幅画是第一幅符合现实的绘画。这该做何解释呢？

该画完成于 17 世纪初的意大利。在 17 世纪末，伽利略当时还是帕多瓦大学的教授，他制造出了天文学镜片，这些工具是早些年被发明出来的，他投身于最早的天文观测中。当他面对银河时，发现它是由星星构成的，它们为数众多，其密度让星系表现出了多云的、乳白色的外观。他在《上天信使》（*Sidereus Nuncius*）上发表了他的发现，这本短小的天文学论著出版于 1610 年。该著作引起了轰动。

在这个时期，埃尔斯海默正在意大利。他在 16 世纪末抵达威尼斯，而后在 17 世纪的头几年住在罗马。他被天文学所吸引，甚至在《上天信使》出版之前就熟知伽利略的著作了，而后在 1609 年，也就是这位艺术家去世的前一年，他画了《流亡埃及》。

除了银河的写实主义表现，我们可以发现星座的依据（可以在画的右上部分看到大熊座，还有知名的星座"北斗七星"）。埃尔斯海默同样是第一个在其作品中关注天体位置的画家。

地理与气候馆

代尔夫特的鲱鱼船

在《代尔夫特小景》中，维米尔证实了 17 世纪欧洲的气候转冷。
此一现象的后果之一便是鲱鱼群向波罗的海和荷兰海岸迁徙。

35 幅画从荷兰画家约翰内斯·维米尔 (1632—1675) 那里流传到了我们手中（第 36 幅于 1990 年在波士顿被盗，至今没有寻回）。其大部分画作表现的是室内场景，但是有两幅是外部场景。在其中，《代尔夫特小景》（第 126 和 127 页）收藏于海牙的莫里茨博物馆，这也是他唯一一幅表现广阔空间的画作。我们在上面看到的是什么呢？

为了画画，艺术家在荷兰城市代尔夫特（位于鹿特丹和海牙之间）的城外定居，他住在那里的南部地区，靠近河港。在水平面的另一端，我们可以看到两道城门（分别是斯基达姆和鹿特丹的城门，而今都已消失），它们建立在老科拉河的河口的两岸，那是一条和科拉河交汇的运河。新教堂被阳光照亮，所在郊区并没有钟的出现，这说明该画是在它于 1660 年 5 月落成之前完成的。

在港口中，停泊了数艘小艇。船正驶离代尔夫特，并经由流往南部的斯希（Schie）运河前往斯基达姆和鹿特丹，船舶在那里进入莱茵河。在左边的一处近景上，一艘客运船等着被马拉往荷兰南部的城市，其他的船则处于城墙角下方。

更让人吃惊的是，两艘并列停泊的大底船位于画的右方，代尔夫特的船舶工地就位于那里。看不见后面的桅杆，而前面的则被部分拆除，这表现的是船舶修理期。为什么这些小艇的出现出人意料呢？因为它们是鲱鱼船，这些三根桅杆的船是用来在北海上捕鱼的！这些船是对小冰河时期的说明，这一气候变冷时期震动了欧洲和世界，它至少从16世纪开始，持续到了19世纪末，我们尚未就这些日期达成一致意见。

这段时期出现在中世纪温暖时期（气候回暖）之后，对应着长期的寒冬。此外，小冰河时期可见诸众多北欧艺术家的画作，诸如老彼得·勃鲁盖尔，他在1565年画了他的首幅冬日风景画：我们可以在上面看到雪地里的猎人和几个在冰上变换动作的人。这种类型的绘画在1550年之前是非常少见的。

冰冻时期的迹象是，维米尔自己也无法阻挡滑冰所带来的快乐，他在1660年购买了——非常昂贵的——一辆带帆溜冰马车。然而，结冰期让荷兰的运河在接下来的两个冬天失去了用武之地！

有好几个假设被用来解释这种气候转冷和其延续时间。第一种建立在地层学的研究基础上，尤其是在19世纪初，它将气候转冷和多座火山的剧烈喷发联系在一起，其中就有位于印度尼西亚松巴哇岛（Sumbawa）的坦博拉火山（Tambora）。火山灰和尘埃彼时减弱了穿过大气层之后的太阳光。另外有个假设把小冰河时期和太阳活动联系在一起，后者在这一时期的大部分时间中有着显著的降低。此外，还有些人归咎于墨西哥湾暖流的异常，这股水流穿越大西洋，将热量带到了欧洲。

小冰川纪和鲱鱼之间是什么关系呢？气候转冷导致了北极的冰往南扩展，挪威沿海地区漫长的冰冻时期就是其表现，而这个国家

约翰内斯·维米尔
（1632—1657），
《代尔夫特小景》

在鲱鱼捕捞中占统治地位。于是，鱼群向波罗的海迁徙，并靠近荷兰的海岸。渔民习惯了这一新的活动，这就解释了鲱鱼船为何会出现在17世纪中叶的代尔夫特港。

在一位气候史专家看来，荷兰的繁荣很大程度上归因于这一渔业转向。多亏了从鲱鱼捕捞中得来的可观收入，荷兰得以专注其他行业，尤其是对航海和海上贸易进行了投资。此外，我们也可以从《代尔夫特小景》中发现其中的一条证据。

实际上，从画的左侧一直延伸到老教堂（处于阴影中）钟楼的屋顶的，是东印度公司大楼（Oost—Indisch Huis）的一座大仓库，即东印度公司。它是荷兰东印度公司（Verenigde Oostindische Compagnie）的分会所在地。

这个公司由六个地区分会组成，代尔夫特分会就是其中之一，它雇佣着数万荷兰人，其中包括了维米尔的三个堂兄弟。首个大型股份公司创立于1602年，它要求商贸企业合并成一个单一的组织，以便从和亚洲的贸易发展中获得利润。想法是好的，因为数年之内，东印度公司便主导了全球性的贸易和交换，尤其是和其他亚洲国家。

这一热络的关系并没有因为小冰川纪而受到损害。相反，在1654年到1676年之间，中华帝国持续数世纪的橘树和柑树种植却输给了冰冻期。

在进口产品中，中国的瓷器，尤其是白地青花瓷，取得了诸多成功。这一风潮标志着本土制造的开始：声名卓著的代尔夫特瓷器。

被用作地质学指南的桌子

为了感谢布勒特伊男爵的帮助，萨克森选帝侯弗雷德里克·奥古斯特三世向他赠送了一张桌子，

它也是一间矿物学的陈列室：展现了萨克森地质资源的多样性。

1777 年 12 月 30 日，号称"好人"，身为巴伐利亚选帝侯的约瑟夫 – 赫尔托去世了，没有留下后裔。他的法定继承人是祖尔茨巴赫（Sulzbach）的夏尔—泰奥多尔，但其他觊觎者也出现了，其中就有萨克森选帝侯弗雷德里克·奥古斯特三世和君主约瑟夫二世。普鲁士和俄罗斯也参与其中，战争一触即发。法国国王路易十六忧心忡忡，增加了外交行动。1779 年初，所有参与者都聚集在泰申（Teschen），今天波兰的南部地区。协商的核心人物有布勒特伊男爵，驻维也纳的法国大使和俄罗斯王子普宁。最后，在 1779 年 5 月 13 日，签订了一份和平协议。布勒特伊的作用厥功至伟，许多人希望向他表达谢意。

他从弗雷德里克·奥古斯特三世那里收到了一张名为"泰申"的桌子（第 119 页），该桌子此后可以在巴黎的卢浮宫看到。它是由金匠约翰·克里斯蒂安·纽伯（Johann Christian Neuber）制作的。后者早已因其宝石匠工作而知名，他将之应用于 18 世纪

嵌在布勒特伊的桌子里的，就是萨克森最有名的石头，施内肯斯坦（Schneckenstein）的黄玉。

末流行的物件上。最为声名卓著的是"甜言蜜语"（舞会记录本，蜡盒……）和鼻烟盒。纽伯使用了景泰蓝镶嵌画的技法（部件被置入一个金属框内）。当他发明了"用作矿物陈列室的鼻烟盒"，他的名气更大了：这个想法是为了迎合对于科学的新生兴趣，尤其是矿物学，在镶嵌画中嵌入各种岩石样品和精挑细选的矿物（美感，稀有性……）。每一个鼻烟盒都配有这样一本指南，它列举了所用矿物的性质和起源。

这个原则也被用在了桌子的制作上，但在尺寸上进行了改变：鼻烟盒的长度超过了 10 厘米，而桌子的直径为 71 厘米！桌面本身也是一个矿物陈列室，它汇集了 128 种样品（以小薄片的形式），它们被编了号，并在一本随家具提供的小册子上得到了适当描述，而矿物陈列室则被置入一个暗抽屉中。克劳斯·塔尔海姆（Klaus Thalheim）是位于德国的德累斯顿矿物学和地理学博物馆的负责人，他研究了被称为布勒特伊的这张桌子。

纽伯想表现的是萨克森所蕴藏的岩石和矿物的多样性。人们发现了很多玉髓（它的构成物中包括了硅石），它有多种形式的变体，比如玛瑙、碧玉、光玉髓……我们也可以辨别出一些珍贵的宝石（黄玉、石榴石……）以及一种珍珠（碎块 no.1），它们聚集在中心圆雕饰的四周。

然而，当时的知识并不足以让他辨识出所有被掌握到的样品，鉴于对这些样品在尺寸上的要求，它们应该出自其收藏中最为漂亮的那些。因此，在这本小册子里，我们可以注意到，出现了 11 次"水晶碎片"这个术语。所以，有些对矿物的解释是错的。比

约翰·克里斯蒂安·纽伯（1735—1808）
泰申（或布勒特伊）的桌子

119

如，编码为 2 的碎片在纽伯看来是一种海蓝宝石，但其实是一种淡蓝色的黄玉。这两种矿物都是硅酸盐，但是前一个（其分子式为 $Be_3Al_2Si_6O_{18}$）因为铍 (Be) 的存在，和第二个（分子式为 $Al_2SiO_4(F, OH)_2$）是不一样的。同样，被纽伯标记为"克里索里特"（Crisolite）的样品 10 同样也是黄玉（绿色）。

在 18 世纪末，欧洲影响力最大的地质学家是亚伯拉罕·沃纳（Abraham Werner），他居住在萨克森的弗莱贝格（Freiberg）。他所制定的矿石分类法基于它们的颜色、光泽……纽伯毫无疑问也受到了这些研究的启发，因而优先考虑描述性的命名。然而，地质学当时并非一门确定的科学，好几个体系在被使用着。

多数样品可以按照克劳斯·塔尔海姆制定的现行分类法则进行识别，但指标不足以标识的四种晶片是例外。萨克森最著名的晶片是施内肯斯坦的黄玉，该地区靠近捷克的边境线 (5, 8, 10 和 16)：3.1 亿年前，花岗岩的岩浆流入页岩，在经过了被称为气成的现象之后，导致了包含有这些黄玉在内的石英 – 电气石的形成。这张桌子确实是一本珍贵的矿物学指南。

"一堆堆盘子"

皮耶罗·德拉·弗朗切斯卡（Piero della Francesca）在一组壁画中描绘了堆积的透镜状云：这些大气现象表现的是一种稳定的波的形成，空气在其中周期性地上升和下降。

蓬圣皮耶尔教堂（摩泽尔），博热收容所的绝症患者礼拜堂（曼恩—卢瓦尔），萨塞勒的正统科普特基督教徒的教区礼堂（塞纳—圣德尼）和圣—吉扬—德塞尔的修道院（埃罗）之间有什么共同之处呢？所有这些宗教建筑都要求配有一件十字架，上面钉着耶稣。并非只有它们这样，根据一句谚语的说法，用上十字架所有的木材，即所谓真十字架，"我们就可以在一年内把罗马烧掉"！

这件圣物的历史有多种说法。最有名的可以在雅各·德·佛拉金（1228—1298)的《黄金传说》中找到，作者是热那亚的主教，一名多明我会成员。圣物以一组壁画的形式出现在了巴吉（Bacci）礼拜堂的祭坛中，它位于托斯卡纳的阿雷佐（Arezzo）的圣—弗朗索瓦大教堂。人们将《真十字架的传说》（第 123 页）归在了意大利画家、数学家皮耶罗·德拉·弗朗切斯卡 (1412—1492) 的名下，当艺术家比齐·迪·罗伦佐于 1452 年去世时，他应巴吉家族的邀请接替了他。

作品完成于 1466 年，12 幅画讲述了出自佛拉金笔下的一块圣木的故事。以下是故事的大概：在亚当死后，他的儿子赛特（Seth）

在他的嘴巴里塞了一颗树的种子。依照所罗门的命令，这棵树而后被砍倒，并被用来造桥。萨巴（Saba）的王后警告说，这棵树和耶稣的不幸命运密切相关，于是国王下令将木梁埋了起来。它会在耶稣被钉上十字架的时候重新出现，而后再次消失。公元 4 世纪，木梁被君士坦丁大帝的母亲海伦发现，就是这位君主让罗马人改宗了天主教，它后来在耶路撒冷的圣墓教堂再次被发现。

图 1. 透镜云，加利福尼亚。

在皮耶罗·德拉·弗朗切斯卡画笔下的大部分天空中，云都具有一种少见的形式。在第三幅画中也是如此（下页），一些人在努力掩藏这根木头。这些云类似于一堆堆大小不同的碟子，不同于"絮状云"、积云和类似于某种卷云的条状物。它们是画家想象的产物吗？不是，它们是真实存在的。这些云是透镜状高积云，也被称为透镜云。当气流为通过障碍而上升时，它们就会在高山附近的气流之下形成。当环境稳定时，一开始的上升运动就会在气流下端出现驻波，即山形波。

透镜云的静止及其形状解释了某些飞碟的观察报告！

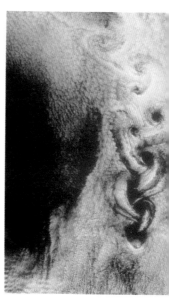

图 2. 冯卡门走道是由挪威的扬马延（Jan Mayen）岛四周的气流造成的。它延伸出去超过了 300 公里。

更确切地说，

122

气流通过抬升，从山的上方穿过后，又会在重力作用下下降。然而，当它的密度变得低于四周空气的密度时，阿基米德升力使它再次上升。这两种相反的作用加上气流的水平移动，在运动中造成了一种波动，波峰之间相隔达五到十公里：这是驻波的空间周期。

气团在到达震动顶端时，就会在高空扩大，随后冷却（通过绝热膨胀），并充满水分：云形成了，它的形状是一个透镜，甚至是多个堆积的透镜体。德拉·弗朗切斯卡所画的就是这样的情况。其他与地形波紧密相关的云的形状也是可能的，尤其是在山的顶端形成的帽状云，还有被称为冯卡门漩涡的漩涡通道（图1和2，第122页）。

让人吃惊的是，透镜云看起来是静止的，即便它是由大风造成的。实际上，它持续得到了山一侧的风的补充，自身消失于另一侧。我们可以在风力强劲的时候，观察到一种静止的云。这一明显的静止状态往往呈圆盘形，这些云因此可以用来解释某些所谓的飞碟观察纪录！

阿雷佐位于"阿尔卑斯卡泰纳亚"的山脚下，地处北亚平宁山脉的南部，我们可以想象，德拉·弗朗切斯卡看到过数种这样的透镜云。他是否认为这些云具有美感，以至于在他一系列壁画所描绘的天空中，它们都别具一格。

红色、绿色污染警告

如何看出过去时代的污染呢？

可以通过研究大师们画笔下天空中红色和绿色的云的比例，

例如英国画家威廉·透纳。

2017 年，巴黎空气监测局向巴黎地区发出了三次污染警告。实际上，悬浮粒子（依据不同的径级区分的粉状物）的浓度数次超过了限值。这些悬浮粒子，或者说气溶胶，来源于人类或者自然世界：在前一种情况中，它们产生自取暖设备、交通运输、工业……在第二种情况中，它们产生自森林火灾、火山喷发，等等。

空气监测局的团队使用了多种科学工具进行实地测量。但是，如何研究过去的污染，以便从中吸取教训呢？希腊雅典科学院的克里斯托斯·泽雷弗斯提出对风景画大师们的画作进行研究，在首当其冲者中便有英国人威廉·透纳，他的绰号叫：光的画家。其《佩特沃斯湖小景：阳光和饮水的鹿》（下页）便是证明。

2007 年，克里斯托斯·泽雷弗斯和其同事一起精心设计出了一种方法，以确定画作完成时空气中气溶胶的量。为了完成这一目标，研究人员计算出一个指数，即红色和绿色的比例，它是从收藏于伦敦泰特美术馆的 124 幅画作所绘的天空中获得的。该比例反映了大气的光深度，

在对天空的描绘中，红色和绿色的比例提供了空气质量的信息。

威廉·透纳（1775—1851）

《佩特沃斯湖小景：阳光和饮水的鹿》

它取决于气溶胶的量。太阳光经过了大气层的过滤，而大气层有利于长波（红色），不利于短波（绿色）。当启明星处于低位的时候，比如它落下时，这种效应会得到增强，而该效应之所以重要，是因为气溶胶的量很大，因此，红色和绿色的比例变成了污染的一个指标。

得到证实的正是这一点。透纳的画完成于印度尼西亚的坦博拉火山喷发之后不久，在 1815 年 4 月 5 日至 10 日之间，他画上的红色要远多于其他时期。在这一事件发生期间，火山灰被喷射到了超过 44 公里的高度，而后环地球绕行了数次。其后果便是，人们将 1815 年的夏天称为"没有阳光的夏天"，将 1816 年称为"没有夏天的一年"。

同样，弗朗索瓦·埃德加·德加（1834—1917)的数幅画作见证了同样位于印度尼西亚的喀拉喀托火山（Krakatoa）的喷发，时间为 1883 年 8 月 26 日至 27 日。

这一计算红色、绿色比例的方法很好地提供了有关大气气溶胶内容的信息。该研究的另一个方面在于，以 50 年为间隔，对完成于 1500 至 2000 年之间的画作进行收藏。这段时间内发生了四次火山喷发，后面的三次之间相隔时间很长。我们因而可以计算出每一个时段内红色和绿色比例的均值，最后便得出持续五个世纪的测定结果。希腊的物理学家们只能观察到通过其他方法所呈现出来的东西：微粒的传播自 19 世纪中叶直至今日始终在增强。

为了验证这种方法的合理性，克里斯托斯·泽雷弗斯的团队有了一个别出心裁的想法。该团队向希腊画家班乃奥蒂斯·泰特西斯求助，请求他在 2010 年 6 月连续几天画下日落的景象，地点位于离雅典南部 80 公里的伊兹拉岛（Hydra）。这位艺术家不知道的是，一团撒哈拉沙尘暴会在岛的上方经过（其路线是通过模型和卫星观测计算出来的）。

一方面，研究人员对收集到的画作中红色和绿色的比例进行了计算，另一方面，通过放射性测量的方法对大气成分进行了计算，由此可以证实通过 19 世纪的画作所得出的假设。有粉末出现的天空要比没有的红得多。然而，沙子并不是由火山灰烬构成的，但是它对太阳光造成的效果却是相似的。

大量画作被考虑在内，无论艺术家宣称自己属于哪个艺术流派，无不证明了方法的有效性。它由此补充了气候学家为重建过去的气候而掌握的武库。它还有一个优势，比如，关于冰芯的研究：它让人感觉舒服得多，因为它要求人们去访问博物馆！

中国人都爱大禹

4000 年前大洪水的地质学遗迹在中国被发现，

该国一个神话的可信度因此大增：

大禹的神话，他是中国第一个朝代夏朝的治水者和奠基者。

他曾经是一个神话。在有 5000 年历史的中国，流传着禹的事迹，他是第一个朝代夏朝的一位帝王，在治水之后登上了王位，那场洪水肆虐大地有两代人之久。这场洪水在中国家喻户晓，和"鲧禹治水"密不可分。禹被封神，在道教神殿中成了掌管水的神。他因此被奉为守护神，即禹帝，也被称为大禹，他给了无数艺术作品、诗歌和版画以灵感，其中就有鱼屋北溪在 19 世纪江户时代所完成的作品（下页）。我们可以在画中看到神话中的帝王正面对着汹涌的洪水，龙的身影象征着洪水。

洪水始于尧帝统治的时代。他下令禹的父亲鲧去治理洪水。他选择的方法是建立水坝和障碍，但以失败告终。即便使用了息壤——一种神奇的物质，它据称会自行生长，是从诸神那里偷来的——但也没能阻止大水的肆虐。无数的牺牲者让人感到悲痛，其中就有鲧自己，尧的继承者舜也反对他。禹成了救世主。

他选择去开凿尽可能多的水渠，庞大的工作持续了数年之久，以期调控河水，让住房和人口得以幸免。人们提到，黄河的河神河伯帮助了禹，给了他一张黄河及周边地区的地图。

鱼屋北溪（1780—1850）
《大禹战龙》

大江被阻塞了有六到
九个月之久，在此期
间，水坝后面积累了
大约 12 至 17 立 方
千米的水。

他取得了巨大的成功，以至于舜喜欢他胜过了自己的儿子，还让他继承了王位！夏朝就这样建立了（持续了五个世纪），禹还设立了权力继承转移的原则。该神话也可以被理解为这样一个神话，中华文明因为制伏了水患而转向了农业社会。

这个神话中的哪些部分是真实的呢？禹是否真的存在过？历史学家为此争论已久。从他被认为存在的年代（公元前 2200 年至 2101 年）起的考古遗迹中，这位征服了水患的王者从未被提起过。到西周时期，他的名字才第一次被提到，距他相传的统治时期有 1000 多年了。

这一情况随着北京大学吴庆龙和他的团队的发现而有所改观。他们的新发现让四个世纪前有过洪水这一看法有了可信度。这些研究人员对湖泊沉淀物进行了绘图，并确定了这些沉淀物以及三个被掩埋者的遗体的年代。结果揭示的是，公元前 1920 年的地震造成的一次滑坡将黄河阻塞在了积石峡，后者位于西藏高原的边缘，今天属于青海省。水流堵塞了六到九个月，在此期间，大约 12 至 17 立方千米的水聚集在突如其来的水坝后面。而该水坝的消失……导致了中国北部广大平原地区被淹没，也就是该国文明的诞生地。我们可以想象，这次灾难对亲历者的心灵造成了巨大的冲击。

研究的作者们强调，伴随这场洪水发生的是河道的改变，它开出了一条新的水道。此外，与这次灾难同时发生的是一次重大的文化变迁，让中国从新石器时代进入了青铜器时代。二里头文化对于考古学家而言便标志着这一过渡，它对应的或许就是夏朝。

鲧禹治水因而进入了神话中的洪水的名单，它们是历史的基石（《圣经》便是如此）。那么禹呢？人们说，当传说比历史更为美妙的时候，人们便忘记了传说。因为这一次两者相吻合……

一个让人难忘的日期

对港口的地形学分析、天文学计算、对潮汐的模拟和气象学记录，

这些都让推定克劳德·莫奈的杰作

《日出·印象》的日期得以可能。

立体派这个词是亨利·马蒂斯在描述乔治·布拉克的一幅画时生造出来的：用以凸显其所画房屋的几何学形状。批评家路易·沃克塞尔将这个表达延续了下去，"野兽派"这个术语也要归功于他！1905 年，在秋季沙龙上，在马蒂斯、德朗、弗拉明克、芒更……的作品中，他注意到了阿尔贝·马尔凯两幅使用传统技法的半身画像，并评论道："这是野兽中的多纳泰罗（Donatello）。"

那么"印象派呢"？同"立体派"和"野兽派"一样，这个术语起初并不那么招人喜欢。其始作俑者是讽刺报刊《喧闹报》的记者路易·勒鲁瓦，那是当他在摄影师纳达尔的旧摄影棚参观了一次展览之后提出来的，该艺术活动由法兰西美术院组织，参与的艺术家为官方所排斥。通过这个本来用来挖苦的词汇，他贬低了番克劳德·莫奈一幅画的标题，该画同塞尚、德加、毕沙罗、雷诺阿、西斯莱……的画一起展出。这幅画就是《日出·印象》（第 148 页），艺术史上一个重要的里程碑。

自这幅画作完成的那天起，它就笼罩在重重谜团中。他的签名"克劳德·莫奈，72"并不十分清晰。此外，达尼埃尔·威尔顿斯坦在

他的编年目录中写道，该画画于 1873 年春天。

得克萨斯州立大学的天体物理学教授唐纳德·奥尔森对这幅作品深感兴趣，并用了所有可以使用的知识以得出一个日期。首先，

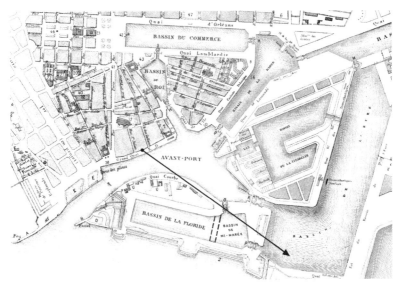

图 1. 莫奈时代的勒阿弗尔地图。黑色的点标出的是海军饭店的位置，它位于码头大道边上。黑色的箭头代表了画家视点的角度。

图 2. 码头大道的全景图，包括了中间的博物馆—图书馆，以及领航湾。博物馆—图书馆后来成了美术博物馆，最终毁于 1944 年的轰炸中。

克劳德·莫奈（1840—1926），《日出·印象》

我们在哪里？在勒阿弗尔（Le Havre），画家的出生地。此外，他一开始给画起的标题是"勒阿弗尔景色"，此后，在画被挂上去的时候，奥古斯特·雷诺阿的兄弟建议他把名字改掉。

更准确地说，莫奈无疑住在海军饭店中，它位于码头大道边（图1，第135页），即今天的南安普敦港口，我们都知道他此后便定居此处。从该饭店所看到的桥的景观在当时非常出名：它对于绘画而言是一个完美之地。那儿提供的视野范围和从美术博物馆屋顶上所见类似，后者就挨着海军饭店（图2）。

对画作的研究表明，中间画的是大西洋沿岸的船闸，它的大门打开着。在其四周，我们可以看到桅杆和工地的起重机。一幅当时的地图提供了关于所画之港口的组成（图1）：右侧，佛罗里达沿岸的库尔布码头；左侧，森林中的堤岸和拉基塔戴尔沿岸。

通过分析画上太阳的位置，唐纳德·奥尔森确定了其地平经度，也就是罗经所指出的方向。根据这位天文学家的看法，在《日出·印象》完成的那天，太阳是从库尔布码头东端往左偏一点的地方升起来的，大概在地平经度 117 度到 121 度之间。这是第一个重要标志，因为太阳一年在这个地方升起两次，分别是 11 月中旬和 1 月末。

让我们继续探索下去。接下来的因素是太阳在画上的高度。我们可以通过利用已知的恒星的直径，或者从一些标准出发（半潮流域帆船桅杆的高度的估算，饭店和这一流域中心之间的距离和阳台的高度）。计算表明，太阳位于地平线上方 2 到 3 度的位置。我们可以由此推断，莫奈是在太阳升起 20 至 30 分钟后掌握画笔的。

画上的多个要素表明了涨潮阶段，更确切地说是在满潮之前或之后的一到两个小时。一些软件重建了这一阶段的潮汐，并且显著缩小了范围。只有接下来的日期仍然有争议：1872 年，1 月 21 号至 25 号，从 8 点到 8 点 10 分，以及 11 月 11 号至 15 号，在 7 点 25 分到 7 点 35 分；1873 年，1 月 25 至 26 号的 8 点 05 分，以及 11 月 14 号至 20 号的 7 点 30 分到 7 点 40 分。

最后，云层和风的气象统计表可以做出决断：《日出·印象》可能画于 1872 年 11 月 13 日星期三上午 7 点 35 分左右。我们以后就可以把这个日期写在印象派的出生证明上了。

青年沃纳的漫游

在位于巴黎的矿业学院的矿物学博物馆中，一位地质学家的画像表达着对他的研究和思想的敬意，画上的两个岩石样品尤其明显。

其中的一种是真实存在着的，被放在博物馆里展出。

矿业学院位于巴黎，其中容纳了一座矿物学博物馆，多达 10 万种的样品——4000 种被用来展出——构成了一座展示我们星球多样性的宝库。身处大画廊中，如果你偶然抬头看玻璃橱窗的上方，就会和亚伯拉罕·沃纳 (1749—1817) 双目对视，画中的他谦逊博学（第 153 页）。在这幅画作中，几部历史叠合在了一起：作品本身的历史，人物的历史和所绘岩石的历史。

这幅画作属于 19 世纪 50 年代备受欢迎的杰出地质学家画像系列，无疑是用来装饰画廊的。除了沃纳，受到推崇的还有让—巴蒂斯特·罗美·德·利尔、德奥达·格拉特·德·多洛米厄、费尔迪南·德·索绪尔、巴尔塔萨·乔治·萨日，以及我们历史上另外一个重要角色，勒内·茹斯特·阿羽依。

沃纳的画像受到了损坏，它在 20 世纪 90 年代期间被误扔。2012 年，它被博物馆负责人迪迪埃·奈克图再度发现，其修复工作由 ABC Mines 负责，即矿物学博物馆与藏品联谊会。沃纳得到了拯救！但他又是何方神圣？

沃纳是声名卓著的地质学家和矿物学家，位于德国西部地区萨克森的弗莱贝格矿业学院的教授。他因为描述了大量的矿物，尤其因捍卫水成论而闻名于世。这种理论规定，在最初覆盖行星的海洋中，所有种类的矿物的形成都始于沉淀。而后海水退潮，大陆暴露了出来。我们也将一种岩石分类法归功于沃纳，它的基础是岩石的自然属性，例如硬度。

　　法国人阿羽依 (1743—1822) 是巴黎矿业学院收藏品的首任负责人、该校的教授，也是沃纳的有力对手。他俩通过通信进行交锋，措辞往往缺乏谦和。阿羽依是火成论的支持者，这种理论和水成论相对立，认为地球在诞生之初是一片无边无际的岩浆。此外，他也推动了一种分类法，它建立在"整体分子"这一想法的基础上，预示了后来结晶网格的思想，那是远在 20 世纪现代分析技术被应用之前。

在亚伯拉罕·沃纳的画像上，象征火成论的是一块岩浆岩，上面显示了两条交错的长石矿矿脉。

安托万·贡斯当·佩兰克（Antoine Constant Pellenc）
《亚伯拉罕·沃纳肖像》（绘于 19 世纪 60 年代

141

让我们回到这幅画上，我们将该画归到贡斯当·佩兰克名下。我们看到了什么呢？沃纳和他那些被画下来的同事一样，和一些重要的元素共同出现在画面中。地球的球状体毫无疑问让人想到了水成论（大陆很少被强调）。在一个画架上，一幅装饰着白色示意图的黑色的画表明了教育的理念。在或许是孔雀石做成的桌子上，我们可以辨认出《矿物特征论》，沃纳一本著作的法语译本。此外，还有两块石头……

　　由于缺乏信息，鉴别他拿在手里的东西并不容易。可能是萤石。相反，放在桌上的东西却没有任何疑问，因为真实的样品就在矿物学藏品之列（第140页）。这是一种花岗闪长岩（属于花岗岩家族），由两条直交的长石矿脉交汇而成。然而，这是一种深成岩，也就是说它源于岩浆。一开始，同质的岩浆液凝结并冷却。如此一来，一些裂纹就形成了，里面充满了残留的液体，它们接下来也冷却了。在这里，最狭窄的矿脉在前面，因为它为最宽的矿脉所穿透，暗色的边（照片上的红色箭头）就是证明。

　　为什么是这两种岩石？我们可以提出一种假设。萤石层叠的面象征的是水成论核心的沉积作用，沃纳拿着它，表现出了对它的重视，而深成岩则位于远处。在你们下次访问矿物学博物馆时，把时间用在分析其他地质学家的画像上吧！

人类馆

DNA 表现出色

一位艺术家对于人脸的重建始于……从大街上收集到的 DNA 痕迹。

和原型的相似度因近来基因学的发展而提升了：

基于 DNA 的嫌犯素描像时代到来了。

随便走哪条路，肯定遍地都是：烟蒂、吃过的口香糖，甚至毛发……同任何人一样，你感到无所谓，或者顶多咒骂这些不文明的行径。如果你将它们捡起来？美国艺术家海瑟·杜威—海格伯格就是这么做的。她的想法不是去取代道路环卫人员，而是将这些垃圾变成她的"陌生眼界"项目的首要素材，该项目自2013年开始在美国、爱尔兰、澳大利亚、巴黎蓬皮杜艺术中心……展出。该项目的部分内容是高度真实的人类面具。让我们看看这是怎么做到的。

首先，她将收集到的样品带到情报空间（Genspace），一个 DIY（指 Do it yourself, 即'自己动手'）生物实验室。在这些地方，每个人都可以沉浸在遗传学和细胞生物学的乐趣中。这位艺术家提取了 DNA，而后扩增已知区域，以前在个体间具有显著的区别。让我们注意，扩增就是通过酶将一段 DNA 序列变成数目巨大的标本，酶在其中功不可没。

接下来的步骤是对获得的 DNA 进行排序，这就是解读一列构成它的核苷酸 (A, T, C, G)。个体间在核苷酸位置的区别被称为单核苷酸多态性（SNP）。而后，这些片段构成了一种信息模式，海瑟·杜威—

海瑟·杜威—海格伯格（1982—）
《陌生眼界》

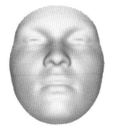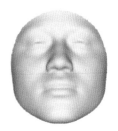

始于 DNA 痕迹的人脸重建受益于遗传学的进步。因此，人们近来指出了面部多变性和 POLR1Da (a，从浅蓝至红色，其影响会增加) 基因的变化密切相关。两张灰色的脸 (b 和 c) 对应了影响的最小和最大值。我们注意到，a 的红色区域变化得最厉害：面部的底部大致是方形的，前额则大致是窄的……

> 该作品旨在反思监控、对个人隐私的尊重、DNA 的滥用……

海格伯格依靠它而得出人脸 (通过 3D 打印表现出来)，都是粗心大意之人留在公共道路上的。

是否逼真呢？毫无疑问不是的，因为这里所用到的信息并不多：皮肤和眼睛的颜色，族裔背景……这些不是目的。该作品旨在反思人们对任意对象的监控、对个人隐私的尊重、DNA 的滥用。然而，该项目还在继续，并不停发展着。它可以受惠于一些最新进展，它们推动了对面部特征的基因基础的了解。

因此，在 2012 年，曼弗雷德·凯瑟尔 (Manfred Kayser) 和他在荷兰鹿特丹大学的团队基于对 1000 名欧洲人的研究，指出了对于人脸形成起着关键作用的五种基因：脖子的宽度、脸的尺寸、两眼间的距离……其中三种基因因为与颅面发育缺陷的关系而为人所知。以从犯罪现场提取的 DNA 为例，嫌犯素描像建立的第一步就

146

是由此开始的。

2014 年，比利时鲁汶天主教大学的皮特·克拉斯、美国宾夕法尼亚州立大学的马克·施赖弗与其同事们宣布识别出了 20 多种新基因，它们都影响着面部形态。他们为了达成目标，研究了生活在美国、巴西和佛得角的 592 名混血个体（欧洲和西非）的脸部高解析度照片。这些照片被放在由超过 7000 个点构成的网格上，其中的一些点可以表现一个给定个体相较于平均值的差异。

而后，这些生物学家对个体的基因组产生了兴趣，并揭示出了可以解释差异（上页）的单核苷酸多态性（SNP）。总共在 20 种基因中发现 24 个单核苷酸多态性。最后，他们推进的项目旨在从 DNA 序列出发，提出脸部的三维模型。和海瑟·杜威—海格伯格的工作如出一辙！

下一次，如果你想把烟蒂或者口香糖扔在街上，就得三思而行了！市政府会找到你……或者张贴你的嫌犯素描像。

自负的斜视

荷兰画家伦勃朗患有一种散光性斜视。他没有因此受到困扰，反而能将他所画的那些场景更好地呈现在画布上。

文森特·梵·高画作中占主导地位的黄色让一些人觉得画家本人患了黄视症，这是一种让人只能看到黄色的眼部疾病。克劳德·莫奈患有白内障，埃德加·德加患有黄斑变性，埃尔·格列柯患有散光，卡米耶·毕沙罗患有慢性泪囊炎（一种泪腺感染……）。我们也谈到过硬皮病，用它来解释保罗·克利 20 世纪 30 年代画作中的阴暗色调。爱德华·蒙克成了右眼玻璃体液流出和左眼部分失明的受害者。好像正常的视力会阻止人们成为一个著名画家！所有这些对于艺术的诊断都揭示画家在画作中表现出来的疾病。

哈佛大学医学院的玛格丽特·利文斯通和贝维尔·康威以一种不同的方式对伦勃朗感兴趣：他们通过研究其一生所绘上百幅画作中的 36 幅自画像（24 幅油画和 12 幅雕版画），发现这位荷兰大师具有趋同紊乱。通过在高清晰度照片上测量这位艺术家双眼的平行度，他们在 36 幅画的 35 幅中发现了一种散光性斜视。在这些画作中，斜视的是左眼，而在版画中，不对称性则是相反的。这一技术揭示了这种区别：金属雕版是压在一张纸上的，左右颠倒了。因此，伦勃朗的左眼散光了。

这一紊乱妨碍了画家的立体视觉，也就是他对立体感的知觉。

148

伦勃朗（1606—1669），《自画像》，细节

后者是在大脑中构成的，当眼睛汇聚在同一个点，它便会同时分析两个略有不同的视网膜映像。这是否给这位艺术家造成了不便呢？并不必然如此。实际上，为了在画布的平面上画出一个三维的场景，画家经常会有闭上一只眼睛看的习惯，以此来"压制"立体感。大部分艺术教师会教授这一诀窍。伦勃朗可以跳过这一步：他自动看到二维的场景，因而可以不费吹灰之力地将其呈之笔端。此外，他可以避免画者和画布之间不停地来回转换。也许这就体现出了他的天才的一个重要方面，以及他众所周知的观察感知力。然而，为了损害其立体视觉，他的斜视必须及早形成并持续下去，因为它在间歇性斜视中可能会表现正常。

我们得记住，对于自画像而言，一个画家必须在一面近距离安装的镜子中观看自己。这种情形会导致斜视，但不会超过 3 度，而在伦勃朗那里则平均超过了 10 度，有时有 30 度。

斜视的后果之一是弱视，一种视力上的衰弱，但并未触及感知器官。例如，面对两张无法合并的图像，大脑会"遮盖"其中一张，减弱相应的那只眼睛的效力。弱视如果没有得到治疗，经常会变得彻底，人们认为过了八岁之后便不可逆转了。

然而，洛杉矶加利福尼亚大学的吕忠林指出，即便到了成年，也并非毫无希望。神经生理学家通过简单的操练——观看电脑屏幕上的格子（或网状物）——训练了一些弱视患者，明显改善了他们的立体视觉，而且只花了几天时间。这些病人恢复了对他们眼睛的使用能力。然而，我们还是忽略了这种改善能持续多长时间，以及这些研究是否能推进有用而准确的成人斜视学手术记录的制订。

伦勃朗是否会希望得到这样的治疗？在表态之前，他可以去了解一下这些进行过的研究。

伦勃朗的斜视是不是他天才的一个关键方面？

玛格丽特·利文斯通和贝维尔·康威在他们的研究中对此进行了补充。他们研究了 53 位著名画家的照片，在 28% 的案例中识别出了斜视，而它在总人口中的占比只有 5%！我们是否应该作出如下总结，画家的特点就是立体视觉上的缺陷？很难这样说，但在把你们得了斜视的孩子送去眼科医生那里之前，先递给他们画笔！

牛仔裤的宗师

一位 17 世纪的不知名画家在他的作品里多次描绘了北意大利的穷人，

他们身着蓝布布料：今天的牛仔裤布料。

对于许多人而言，牛仔裤是由奥斯卡·列维·施特劳斯在 19 世纪中叶发明的；它和加利福尼亚的淘金热密不可分。但这是一段长裤的历史，而不是用来制作这些服装的料子的历史。然而，这种衣料的起源——一种由白色纬纱和蓝色轻纱构成的棉织物——要在欧洲寻找，更确切地说是在尼姆（Nîmes）（其名字指向的是 denim 这个术语，指的是牛仔布料）和热那亚（由此派生出了牛仔裤这个词）地区。但是，除了 18 世纪的某些马槽插画之外，可见的证据比较少。

另有一些是近来被发现的。证据是十多幅画，它们出自 17 世纪热那亚一个活跃的艺术家之手，他的名字至今不得而知。在它们中，我们可以看到《带着两个小孩乞讨的妇女》（下页）。自 2006 年以来，奥地利的维也纳艺术史博物馆负责人坦贾·格鲁伯致力于收集这位无名人士的画作，后者自此之后就被称为"牛仔裤宗师"。她所依据的是风格和主题上的标准，以此识别出这位独特艺术家的身份，他活跃于 17 世纪下半叶的伦巴第和威尼托大区。在大多数画上，我们可以发现这样一种蓝色的布料，当它被点燃的时候，就会露出白色的纬纱。我们所面对的因而就是一种牛仔布料。此外，在某些画作中，我们看到了足够的缝线，可以从中发现一种用于鞍具的针脚，

匿名，17世纪热那亚画家《带着两个小孩乞讨的妇女》

匿名，17 世纪热那亚画家《拿着一块圆面包的乞儿》

这就是今天的牛仔裤会用到的！

对照还不止于此。牛仔布料染色的开端始于菘蓝（染匠的菘蓝染料），这是一种当时在法国西南部广为种植的作物。然而，这种染料被靛蓝（同样源于植物）所取代，它能更方便地从热带地区转运和进口，尤其是有港口之利的热那亚地区。对其画作提取物所作之分析表明，这位画家的蓝色染料中用到了靛蓝。

牛仔布料经过了靛蓝染，用来缝制社会底层的服装。

在这个时期的意大利，这种非常牢固的织物是在热那亚地区制造的，用于缝制面向社会底层以及士兵的服装；《拿着一块圆面包的乞儿》（上页）的镶边上衣就证明了这一点。这些衣服或许是留给下一代的，直到穿破为止，这就解释了何以证据如此少见。

在对卑微的个体和乞丐的描绘中，每个人看来都怨言冲天，让"牛仔裤宗师"进入了被称为"现实绘画"的潮流，领头羊是勒·南（Le Nain）兄弟。对贫困的描绘当时在整个欧洲不计其数，从西班牙的委拉斯奎兹到弗莱芒艺术家，还包括乔治·德·拉图尔。

我们今天所穿的牛仔裤是诞生于尼姆还是热那亚呢？自18世纪以来，这个法国城市就是一个重要的纺织生产中心，尤其是棉织品，它大量出口，尤其是出口到英国，并因而行销北美。不过，热那亚和意大利北部地区自12世纪以来就形成了棉花市场的枢纽。热那亚的布料有过出口的黄金时代，无疑那是在牛仔布料产生之前了：1614年，兰开夏（Lancashire）一个裁缝的账本中提到了这种物美价廉的布料。在历史学家马尔齐亚·卡塔尔迪·加洛看来，这两个名称（热那亚牛仔裤和尼姆牛仔布）并存于 18 世纪末的美国。牛仔裤的历史还未说出所有的秘密，但从今往后，在牛仔裤的神话中，我们应该用伦巴第的乞丐取代美国的淘金者了。

一个隐藏在梵蒂冈的大脑

在西斯廷教堂的两块天花板上，

米开朗琪罗隐藏了神经系统的解剖图。

1505 年，应新教皇尤里乌斯二世（443—1513）的邀请，米开朗琪罗离开佛罗伦萨，来到了罗马。教皇委托这位雕塑家为他在圣彼得大教堂中设计一个纪念墓；陵墓从未完工……在波伦亚（Bologne）流亡数月之后，米开朗琪罗投身于另一项计划，自1508 年至 1512 年间，他在西斯廷教堂的天花板上作画。在建筑师布拉曼特的指使下，该计划被推荐给了这位艺术家，因为前者相信他的对手会失败。他运气不好，天花板上的壁画成了意大利文艺复兴最知名的杰作之一！

天花板 40 米长，14 米宽，离地面 20 米高。它由半月形、三角形、长方形等不同表面构成，根据合同，米开朗琪罗必须在上面画上十二使徒。艺术家考虑得更为深远，他建议在那里画上从《创世纪》（第 158 页），《光明和黑暗的分离》直至《诺亚醉酒》的故事，其中还有《创造亚当》。在装饰侧墙的壁画上，佩鲁吉诺、波提切利和其他人讲述了基督和摩西的生平。

让我们关注一下《光明和黑暗的分离》。对于画中（图1，第159 页）上帝脖子的不规则和对这一部位光线的处理，始终让历史学家们深感疑惑。上帝这位人物是在从左下角到右上角的对角线上

米开朗琪罗（1475—1564），西斯廷教堂的天花板壁画

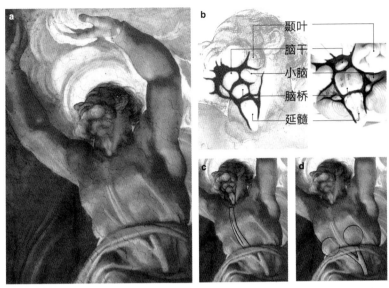

图 1.在《光明和黑暗的分离》（图 a）中，除了脖子，上帝是沿着从左下角到右上角的方向被照亮的。在这个区域（b）显示出来的是人的大脑的解剖构造。脊髓出现在上半身的一个褶皱中（c）。至于衣服的褶皱，它们表现出来的是视觉神经和眼睛的轮廓（d）！

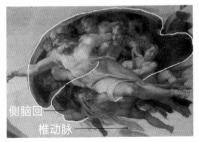
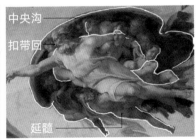

图 2.《创造亚当》是否是大脑的横切呢？

上帝脖子的细节和人类大脑的解剖构造是重合的。

被照亮的，但是脖子看起来是被从右侧过来的光照亮的。这是个错误吗？兰·苏克和拉法尔·塔玛尔戈是位于巴尔的摩的约翰·霍普金斯大学医学院的神经解剖学专家，他们从中看到了隐秘的信息……

首先，他们证实了，米开朗琪罗所画的其他脖子没有一个是异常或"颗粒状"的。而后，他们指出，脖子的细节和从下方见到的人脑解剖学构造重合。事实上，这种一致让人惊讶。

这两位神经科医生不止步于此，还从遍布身体的褶皱中分辨出了脊髓。此外，在肚子上，Y形的褶皱还因胸廓下方的球形隆起而延伸了出去：这一构图与莱昂纳多·达·芬奇于 1487 年所绘之视觉神经和眼睛的素描一模一样。而这两位艺术家是同代人，并且相互赏识。

1990 年，弗兰克·麦什伯格就已经指出过，在《创造亚当》中，环绕着天使和上帝的帷幕模仿了人类大脑的横切（图 2）。需要指出的是，其他人从中看到的是一个肾，这个器官让米开朗琪罗很是遭罪……[1]

同样，我们在云最少的地方看到了一张脸，对这些类似之处的说明暴露的或许是这两个美国人对神经解剖图烂熟于胸。然而，米开朗琪罗掌握了相关知识，有可能刻意"隐藏"了大脑。1493 年，他将一个上漆的木质十字架赠予佛罗伦萨神圣大殿的神父。作为交

---

1. 译注：米开朗基罗患有肾结石。

换，教会当局准许他去检验并解剖来自修道院医院的死者尸体。此后，他为他的朋友，外科医生雷亚尔多·科隆博的解剖学著作绘制了插画。

如果这种相似性并非偶然，那么隐藏在《分离》中的解剖图又意味着什么呢？在兰·苏克和拉法尔·塔玛尔戈看来，米开朗琪罗力图突出这幅画的意义。美国神经科医生道格拉斯·费尔兹自问道：这里是否存在着对宗教和科学之间的冲突的说明？或者说，米开朗琪罗是否提出了，理智——以及支持它的器官，就如希波克拉底曾指出过的——足以让信徒和上帝进行交流，并让教会显得无足轻重？如此，我们便能理解为掩盖解剖图而采取的防范措施了！

十字架刑：难忍的酷刑！

被钉在十字架上的姿势尤其会扰乱前臂神经的活动，并导致手指表现出一种我们可以在大部分艺术表现中看到的奇怪的样子。

公元前 71 年，6000 名奴隶被钉死在十字架上，在连接罗马和卡普亚的亚壁古道（Via Appia）上，他们被排成一条直线。罗马将军克拉苏想借此展现他对色雷斯斗士斯巴达克斯领导的起义所取得的胜利。这段被历史学家阿庇安（Appien）记录，又因斯坦利·库布里克 1960 年的同名电影而变得广为人知的历史表明，把人钉在十字架上在罗马人那里是一种很普遍的酷刑。它在波斯人中已经广泛存在，正是他们于公元前 5 世纪发明了该刑罚，它也存在于克尔特人（Celtes）、斯基泰人（Scythes）、亚述人（Assyriens）、腓尼基人（Phéniciens）……中。

本丢·彼拉多对耶稣的判决采用了这种惩罚，它因此而变得众所周知：就是在这些情形中，我们才会谈到耶稣受难。一些人将对耶稣受难的首次描述追溯到《拉布拉福音书》，该手抄本誊写于公元 6 世纪末，被保存在佛罗伦萨：总而言之，它是西方世界第一个呈现了大部分角色的完整故事。另一些观察者则在 4 世纪东方的镶嵌画中看到了耶稣受难，还有一些则是在雕刻于 5 世纪初墨洛温王朝时期的小型象牙牌上看到的。无论如何，耶稣受难在艺术史上最为兴盛，曼特尼亚、拉斐尔、委拉斯凯兹、达利……都有相关主题

埃尔·格列柯（1541—1614），《耶稣受难》

的作品。

这一酷刑引发了多个问题。受害者是死于窒息还是心脏衰竭？斐德列克·萨吉伯于 1989 年进行的实验（志愿者被绑在十字架上）并不能推出结论。钉子是被钉入手心还是手腕处？考古学研究论证的是第二个假设：钉子被插入桡骨和尺骨之间。

另一个问题长久以来被忽略了。它涉及的是手指的姿势。实际上，在众多的耶稣受难像中，尤其是在格列柯的作品中（上页），我们可以看到拇指和食指是伸展的，小指和无名指完全弯曲着，而中指则处于中间状态。这一解剖学上的表现首次被画出来，那是在公元 8 世纪的君士坦丁堡。如何对此作出解释呢？这是艺术上的突破——这种手指的姿势早被教士用于祝福仪式中——还是生物学上的事实？杰奎琳·里根和她的同事进行了回答，他们来自位于美国福尔斯彻奇（Falls Church）的爱诺瓦费尔法克斯（Inova Fairfax）医院的神经系统科学系。

钉入手掌心或手腕的钉子对该区域的神经和肌肉造成了损害，因而不会引起手指表现出这样的姿势。在医生看来，要尽早在上臂区域的神经功能障碍中寻找起因。让我们一探究竟。

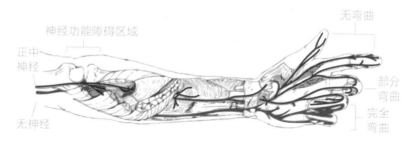

在一个被钉在十字架上的人身上，他每一条上臂都会和躯干的中心线形成一个大约135度的角，而当肘部血压升高时，它们便会往前转动。此外，上臂承受着悬空者的体重。在这一姿势中，贯穿上臂的正中神经（见上页）上会有一股可观的应力在运作。

这一应力表现为流向该神经的血液的减少，它的活力也由此降低。多种动物实验证实了这一联系。

如果说正中神经是因十字架刑而遭受损害，尺神经的情况就不一样了，它完好无损。通过剪开多种受正中神经和尺神经支配的肌肉，福尔斯彻奇的团队指出，第一种神经的局部缺血会导致手指表现出特定的姿势，就是我们在耶稣受难像上看到的那般。拇指和食指弯曲的肌肉不再受到正中神经的指挥：两个手指头是伸展开的。要明确指出的是，当人在休息时，也就是说缺少神经元引发的活化作用时，肌肉便会放松，处于不紧绷的状态。小指和无名指的肌肉始终受尺神经的控制：手指头会弯曲。最后，包括指深屈肌在内，中指的弯曲所需的肌肉被两种神经所支配：我们就理解中间状态的姿势了。

因此，耶稣受难像表现为一种神经病症，证据就是手指头的姿势。这一症状并未在《万世魔星》中表现出来，影片中的一个人物倒是讨论了罗马人不同酷刑的优缺点。十字架刑可能是所有酷刑中最为舒服的，因为……人们可以在户外行刑。始终看到生活的闪亮之处！

在表观遗传学的……
风景中散步

在胚胎的发育过程中，每一个细胞的命运同时是被基因和环境支配着的。

我们可以通过细胞置身其间的山峰和河谷风景画来描绘这些限制。

有人录制了一个视频，用来说明这一隐喻。

　　表观基因系统（EpiGeneSys）是一个汇集了全欧洲150个研究
实验室的卓越网络。它得到了欧洲共同体的资助，其中心位于巴黎
的居里学院。它的目标是在表观遗传学领域的研究、系统生物学和
大众之间建立起一座桥梁。但表观遗传学又是什么呢？它对应的是
环境和个体史影响基因表达的方式。换言之，如果说包含着基因的
DNA是一本书的话，那么表观遗传学就是通过细胞来对DNA进行
解读。

　　苏格兰邓迪大学视觉研究中心的保罗·哈里森同居里学院的热
纳维埃夫·阿尔穆兹尼一道投身于这个领域。哈里森更为宽泛地关
注生物学理念的表现方法，由此发展出了其他的方法，用以表现并
让人理解生命是如何运作的。

　　他携手体内运动（Vivomotion）制片公司的梅莉·托勒——他
也就职于邓迪大学——以及艺术家林克·李，致力于"表观遗传学
风景画"的概念。这一概念究竟是什么呢？在胚胎发育期间，细胞

发生了分裂，并逐步走上分化的道路：这个
细胞成了神经元，另一个成了肝细胞，还有
的成了肌肉细胞、白细胞……与每种细胞类
型对应的是基因表达的模式。事实上，所有
的细胞都拥有同一种基因组，但是，比如，

一个细胞的成长遵
循着基因强加的限
制……它的表达取决
于环境。

只有胰腺的 bêta 细胞会制造胰岛素。这种表达模式就属于表观遗传
学。事实上，归因于 DNA 自身和蛋白质——DNA 围绕着它而呈盘
旋装（组蛋白）——的化学变化，某些基因会受到制造蛋白质的细
胞机制的影响，而其他的恰恰相反，它们被掩盖，并被藏匿起来。

一个细胞因此并不完全是自由的。它的生长遵循某些由基因所
规定的限制，这些基因的表达则取决于环境。为了理解这些条件，
英国生物学家康拉德·哈尔·沃丁顿（1905—1975)——现代意义
上的表观遗传学这个术语的创造者——创造了一个隐喻，即"表观
遗传学的风景画"。该术语数次出现在其论著中，其中有《基因的
战略》(*The strategy of the genes*)。保罗·哈里森、梅莉·托勒和林克·李
使用了这一观念，并构思了一个视频加以说明（第 168 和 169 页）。

该风景画（《黑白线条的桌布》）是一个由"河谷"和"山"
构成的整体，它对应或未对应着某些基因的表达（《黑刺》）。一
个给定基因的表观遗传学的改变所造成的影响，是根据有没有被拉
紧，由一条表现为下陷或上扬的线来说明的。这些改变在某种程度
上产生了一种"化学力"，它通过缩短线条与否，使得风景画（桌
布是有弹性的）变形。某些会共同发生作用（在 a 上，线条聚集在
一个结扣那里），另外一些则有不同效果（在 b 上，各种线条始于

167

168

保罗·哈里森、梅莉·托勒和林克·李，
《表现遗传学的风景画》

同一个尖刺）。

在这儿，一个组织的细胞的分化是由这样的一些小球（红、蓝和绿）来表现的，它们在风景画的河谷中缓慢前进。一个小球只会走向它的既定目标！在每一个岔口，一个选择是否被接受，取决于基因和环境，它使细胞更加不可避免地走向自己最终的角色。沃丁顿将所有可能的路径称之为"créodes"，这个新词来自两个希腊语语汇，指的是"必然的道路"。

对于沃丁顿而言，表观遗传学风景画只是一种近似的图像，不能以严格的方式对之进行解释。情况现在不再如此了。数个团队已经知道通过实验来确定一个细胞（脂细胞，肌肉细胞……）的表观遗传学风景画和其演化了。被揭示出来的动力学和保罗·哈里森的动画片非常相似。这个隐喻也只是多个中的一个。

死于 33 颗牙齿的耶稣

米开朗琪罗给他笔下的数个人物多画了一颗门牙。

位于罗马的圣彼得大殿中的《哀悼基督》就是如此。这种牙齿的畸形在现实中是存在的，但是如何解释这位意大利艺术家多次用到呢？

1972 年 5 月 21 日圣灵降临节那天，拉斯洛·托思（行走在罗马的圣彼得大殿中。悄无声息间，他走向米开朗琪罗于 1499 年雕刻的《哀悼基督》（第 173 页）。突然之间，他拿出了一个锤子，对这件雕塑品进行破坏。在被制伏之前，他还是有时间砸了 15 次，造成了损坏，尤其是它的脖子。之后，艺术作品得到了修复，而今还增加了防弹玻璃的保护。一切都过去得很快，人们无法得知这个精神失常的人是否有时间看一眼耶稣的脸。也许他会狼狈不堪，停下自己的举动。他会看到什么呢？

数量惊人的上颚门牙：5 个而不是 4 个！（下页上）恰恰相反，这并非孤例。比如，《最后的审判》位于圣西斯廷大教堂的祭坛的后面，在这幅画上，米开朗琪罗笔下的某一个恶魔就具有这一解剖学上的反常（下页中）。在同一座教堂的天花板壁画上，德尔斐的西比拉（一位预言家）也有一颗多余的门牙（下页下）。马可·布萨利是罗马美术学院艺术解剖讲席的主持人，罗马大学和巴勒莫大学的教授，他在 1996 年西斯廷大教堂修

居民中的一小群人被画上了一个多余的门牙。

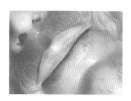

五颗门牙！《哀悼基督》的对称性被一颗多生牙给毁了。

多少颗牙？西斯廷大教堂中《最后的审判》里的一个魔鬼同样有一颗多余的门牙；这是缺乏神恩的表现。

德尔斐的西比拉生活在公元之前。为了表明这一点，米开朗琪罗给她画了一颗多余的门牙。

复工作进行期间发现了一个脚手架。我们也可以在这位艺术家的多件作品中发现其他的例子，比如一幅克莱奥帕特拉的素描。米开朗琪罗因其现实主义和对解剖学准确度的关注而知名，他是否犯过错，而且还一错再错呢？他是否故意改变了他所描绘的人物的牙齿呢？

首先，他似乎在同辈中观察到了这种异常，因为它确确实实地存在着。这种多余的门牙被称为正中多生牙，是多生牙中最常见的例子。它出现在 0.15% 到 1.9% 的人口中。人们对其病原知之甚少，但是怀疑基因因素和 lamina dura（牙龈附近的骨质区域）的增生是原因所在。不受欢迎的牙齿并不都是门牙！因此，在一些策划中，1/4 的臼齿或 1/3 的前磨牙分成了两半。这个现象在米开朗琪罗的时代业已为人所知。我们可以在两部著作中发现其迹象，其中一部出自一个名叫雷亚尔多·科隆博的医生，艺术家经常同他一道去解剖尸体！

错误的假设因此可以被排除。既然如此，又要如何解释这个复发的牙齿的"殷勤"呢？马可·布萨利对此问题思考了有二十多年，

172

米开朗琪罗（1475—1564），《哀悼基督》

并在一部书中提出了这些思考的成果。在他看来，多生牙在艺术家的眼中代表的是对对称性、和谐与灵魂的理想的违背。多余的门牙成了一个象征，即神恩阙如的象征。我们因此可以在存在于公元前的人物中发现这一点，例如克莱奥帕特拉、德尔斐的西比拉……。至于《最后的审判》，我们可以理解为，魔鬼和下地狱者都有多余的门牙。

那么《哀悼基督》呢？为什么他嘴巴里会有"恶之牙"呢？只因他在自己身上积累了人世所有的恶，人类所有的罪孽。这个门牙因此就是耶稣仁慈的象征。马可·布萨利能形成这样的看法，是通过对文化背景的详细研究，米开朗琪罗生活于其中，并在神学方面知之甚详。他表现了那些基础的文本，哲学、文学、神学、画集……如何影响了这位艺术家，并帮助他发展出了他的符号宝库。奇怪的牙齿因此符合教义。米开朗琪罗并没有反耶稣的牙齿！

三个臭皮匠¹和猛犸象

画家保罗·贾敏描绘了面对大自然时衰弱而贫困的人类。

针对我们祖先的这种看法存在过。

是时候清理这些和我们的历史相关的看法了。

2015 年 10 月 17 日，在经历六年施工之后，新的人类博物馆在经过重新改造的场地上打开了它的大门。在提供给参观者的路线上，生物学、史前学、人种学、哲学和人类学受邀去回答——或者至少提供回答的基础知识——这三个基本问题：我们是谁？我们从哪里来？我们要往哪里去？最后一个是新问题，但是它从此便是不可或缺的了，因为人类征服了世界，并改变了大自然。在全球化时代，我们以前所未有的速度改变着我们的环境，我们可以通过这个博物馆自问，我们是否知道自己能接受这些快速的演化？

让人吃惊的是，类似的问题也出现在了由保罗·贾敏绘制于 1885 年的《在猛犸象前落荒而逃》的景象之中（第 177 页）。站在这幅因为位于二楼夹层而显得有些孤立的画作前，我们会自问：人类曾是"狩猎—采集者"，那他们是否适应他们的环境呢？我们在今天的出现即是回答，但是我们会无法遏制地想到，我们走过了多么漫长的道路！

---

1. 译注《三个臭皮匠》是 1902 年出版于法国的连环画，作者是路易·福尔东。

这幅画描绘的是，在冰天雪地的环境中，四个人在一只硕大无比、目光狰狞的猛犸象前方落荒而逃。我们可以想象，当他们聚拢在右侧看得到的火的周围时，他们是多么惊讶。天空灰暗，是橘黄色，让人猜想是日出或者日落时刻。

这个场景在哪方面是真实的呢？在国家自然历史博物馆的帕斯卡·陶希看来，画上动物当然是猛犸象，它浓密的毛发证明了这一点，但并不符合多毛猛犸象（Mammuthus primigenius）的体型。事实上，它的长牙根本不是螺旋形的。

落荒而逃者的恐惧是另一个让考古学家好奇的问题。尽管我们不知道狩猎猛犸象在我们祖先日常生活中的重要性，但我们知道他们惯于如此。当他们看到的动物通常是他们的猎物时，也不应该感到害怕。

最后，这个场景本身就成问题。猛犸象每天要消耗数公斤的植物，依赖由高草和灌木组成的大草原。它们不会走进这种冰天雪地、不宜居住的环境中。然而，它们经常和这样的环境联系起来，也许是因为许多标本是在西伯利亚被发现的。

最后，帕斯卡·陶希在保罗·贾敏的作品中看到了某种在《三个臭皮匠》出现之前的漫画。画家的视角是一个城市艺术家的视角，掺杂了他所处时代的刻板印象，但仍然妙趣横生。

保罗·贾敏的绘画在帕斯卡·陶希看来是一种超前的漫画，呈现的是三个臭皮匠的形象。

玛丽莲·巴杜—马蒂斯也来自国家自然历史博物馆，她认可这一分析。《在猛犸象前落荒而逃》是对史前生活的想象化的重塑，

保罗·贾敏（1853—1903），《在猛犸象前落荒而逃》

人们在 19 世纪末对之进行了描绘：我们想象的祖先脆弱而贫困，在恶劣的自然环境中茫然无助。在这种悲观主义的视角中，动物显得强大而恐怖。在画中，猛犸象僵硬而倨傲。它的耳朵和鼻子的姿势没有表现出任何不满，对自己信心十足。

画中的人毫无疑问是智人（Homo sapiens），史前史学家认为他们成就斐然。他们的服饰、头发、手臂乃是一种大杂烩，可谓兼容并蓄。

这些人物形象属于贾敏时代流行的观念，人类史被认为是线性而进步的。在作为学科的史前学建立之初，我们的祖先被认为必然比我们演化得更少，缺乏我们所有的技术。所有的艺术品（绘画、雕塑、小说……）都维持着这样一种长久以来被信以为真的印象。人类毛发浓密的形象在今天占主导地位，却是用了很长时间才被接受的。为了理解它的丰富内涵，一次人类博物馆之旅必不可少！

物理和技术馆

巴别塔的机械

在老彼得·勃鲁盖尔伟大的《巴别塔》中，
他冒着推翻《圣经》的观点的风险，
向他所处时代的建筑工程学表达了敬意。

他们说："来吧，我们要建造一座城和一座塔，塔顶通天，为要传扬我们的名，免得我们分散在全地上。"

《创世纪》11：4

根据《圣经》的记载，宁录是诺亚的曾孙，他统治着人类。他们都是救世主的后裔，所有人因此都讲着唯一的一种语言，直至有一天，国王想去建造一座直达天际的塔。这个计划激怒了上帝，作为惩罚，他创造了语言的多样性，人类不再互相了解，因而没有完成这项工程。巴别塔神话的历史根源也许是埃特门安基（Etemenanki），一座用以祭祀玛尔杜克（Mardouk）神的庙塔（一种分层的金字塔式的宗教建筑），它由位于巴比伦的第一个巴比伦王朝（公元前16—公元前19世纪）所建。该庙塔可能有70米高。

神话也好现实也罢，巴别塔确实赋予不少画家以灵感。最有名的画被归在老彼得·勃鲁盖尔名下，他于1563年画了这幅画。他共完成了三个版本，在流传至今的画中，小的那一幅被收藏在鹿特丹，大的（第182页）可以在维也纳美术馆看到。如同大多数表现巴别塔的作品，勃鲁盖尔所绘之巨塔并没有避免建筑学和技术上的时代错误。这对历史学家而言是一个机遇，因为可以借此盘点 16 世纪所使用的机械。

在长度上选择的尺寸，以及"俯视"视角，无不凸显建筑厚重的特征。我们可以在左方看到城墙保护的城市，右边则是桥。云彩强化了规模上的过度感，遮住了未完工建筑顶端的一部分，而左侧的一部分已经有人居住，窗上铺开的织物便是明证（图 a）。画家的灵感无疑可以在罗马找到，他在那儿住了 20 年，而后才致力于这幅画作。为数众多的拱门和其他一些建筑要素让人想起了斗兽场，它对于 1 世纪的基督徒而言意味着狂妄（我们可以在宁录的计划中发现这一概念）和迫害的象征。

塔是由至少三种材料建成的。首先是石块，采自山冈的石块出现在了建筑的底部。其次是白石，它覆盖了外部。最后是红砖，它位于楼的中央。这些砖状物符合《圣经》的描述，也符合盛行于弗朗德勒（Flandres）的建筑传统。然而，在圣书中提到过的沥青，却没有在这里出现。

所有的工人都被精准地画出来，尤其是那些围绕在宁录身边的——他穿越千年，为的是指挥其方案的修改——工地占据了他们所处的海角（下方，画作的右侧）。所有行业都出现了：切石工、泥水匠、制砖人、木匠、车匠……

我们现在回到工具和机械的问题，它们占据了主导位置。除了数世纪以来为人所知

勃鲁盖尔所绘之塔具有为数众多的拱门，让人想起了罗马的斗兽场。

老彼得·勃鲁盖尔（1520—1569），《巴别塔》

的工具，诸如铲、鹤嘴镐、耙、双头锤、梯子……画家也描绘了先进的机械，尤其是起重设备。什么都被发明了出来，我们也在这里发现了观察的敏锐和细节的严谨，它们表现在勃鲁盖尔对工人姿态的写实之中。

在塔的右侧，描绘的是三种类型的起重设备。首先是数架双臂起重机，三楼上就有一架（图

勃鲁盖尔画中的一些细节。a 塔里面住了人：窗口挂着织物。b 一架两轮起重机。c 一架装备了鼠笼轮的起重机。d 一架由两个鼠笼轮推动的起重机。

b），它们都清晰可见。在第一层楼上，一架装备了传统鼠笼轮的起重机（图 c）位于和前述起重机垂直的方向上，它被安放在了一个不稳定的脚手架上：牵引索盘绕着一个大桶，工人在里面"行走"，就像家养的仓鼠在它们的笼子里那样。就在边上，我们可以注意到一个装了滑轮的托架。它们并排陈列，显得一点都不真实，因为机械拥堵在一起，工人就没有空间可以搬卸砖头了。

最后，在第二层楼上，安放着一个更为复杂的起重机（图 d）。它依靠两个分别装在架子两侧的鼠笼轮运行，盘在一个两轮轴绞盘上的牵索在架子上滑动。这个装置让人想起了布鲁日港口的滑轮，它安装于 14 世纪，长久以来闻名遐迩，以至于两个世纪之后它依然出现在画笔之下，尤其是在一本由弗莱芒画家西蒙·贝宁绘制的《祈祷书》的日程表中。勃鲁盖尔的画作也许也是在向其国家的木匠的才能致敬。

在一些评论家看来，勃鲁盖尔画中的建筑物的缺陷并非来自神统的语言问题，而是一些建筑学问题：没有哪一层是水平的（上楣卷曲成了螺旋），而拱门和地面是垂直的：它们因而是斜的，事实上也不稳固。此外，地基和下面的楼层并未完工，而上面的几层反而好了。

通过这幅大的《巴别塔》，勃鲁盖尔完成了一次纪念，这在那个时代是艺术和手艺活的必尽之责。那幅小的《巴别塔》绘制于五年之后，看上去却是截然不同的，机械和脚手架隔得很远，工人被画成了"蚂蚁"：这是劳动优越性的预示吗？

困境中的芬奇

这位文艺复兴的巨匠探索自然现象，并以一种惊人的敏锐度将之呈诸笔端，

诸如衣服褶皱。而今，一些数学家解出这样一些方程，

它们规定着搁在某一个物品上的织物的形态。

　　1470 年，莱昂纳多·达·芬奇在一块亚麻画布上画了《坐态人物的褶皱垂布》(第187页)，该作品现在收藏于巴黎的卢浮宫博物馆。长久以来，专家们都在为这幅画的作者的身份而争论不休。事实上，在一些人看来，作者应该是多梅尼哥·基尔兰达约，因为它很接近后者的《圣朱斯托的祭坛装饰屏》，该画陈列于佛罗伦萨的乌菲齐博物馆中。在一段时间内，它甚至被归到了阿尔布雷特·丢勒名下。今天，人们一致认为可以从中看出《蒙娜丽莎》的画者的技法，《褶皱垂布》也是《天神报喜》里的圣母这一形象的草图，后者也被收藏于乌菲齐博物馆中。

　　相反，褶皱的写实主义表现不容置疑。莱昂纳多仔细研究过褶皱的下垂，以及裹在双腿上的有点分量的织物的垂落。这儿的织物并非装饰物，而是一件逼真程度天衣无缝的衣服。我们发现的是他对真实性的关注，从他画的湍流和树木中，就看得出来。

　　我们可以欣赏这样的写实主义，它是一幅画上的衣服褶皱——《窗帘》位居此列——

对于搁在物品或身体上的织物的表现的准确理解长久以来为数学家所忽视。

或者是一部动画电影里的衣服的运动，但对于搁在物品或身体上的织物的表现的准确理解，长久以来被数学家所忽视。事实上，自最初的那些目视观测以来，对复杂形态的研究并未取得多少进展，考虑到这一现象发生的广度，例如皮肤上的皱纹的形成，地球地壳的褶皱……这便让人吃惊了。

英国剑桥大学的恩里克·塞尔达和美国哈佛大学的拉克什米纳拉亚南·马哈德万填补了这一空白。他们研究了织物受重力影响而表现出来的形态，并确定了这样一些公式，它们不仅能预见出褶皱的位置，还能预见其形态和大小。

他们不是一上来就着手复杂的案例，而是从简单的情境出发：圆形织物从中心处被悬挂起来，就会形成锥形。他们详尽描述了褶皱是何时以及如何出现的，还界定了一个参数，即被标记为 Lg 的"重力的长度"，它对应这样一个情境，在织物中，重力导致的能量大体等同于褶皱产生的能量。这一参数的表达式 Lg 反映了织物的厚度、密度、硬度、重力 g 的加速度。Lg 同样取决于：织布在某个维度上的一次拉伸如何改变它在另两个维度上的形态（当你拉紧一条橡胶，它的宽度和厚度就会缩减）。对于一片橡胶叶而言，Lg 大体上相当于 1 厘米，对于一页包装纸而言则是 3 厘米。

塞尔达和马哈德万从得到的方程出发，预知了在其他情形中得到的褶皱（当织物的体积远远高于 Lg），例如，桌布从圆桌上掉下来时所形成的圆柱体，悬挂着的窗帘的顶边褶皱时所形成的波纹。他们也指出，对于一个给定的织物，存在着多种折叠的状态（他们的方程允许多种解法），少量能量可以从一处移动到另一处，这证

莱昂纳多·达·芬奇（1452—1519），《坐态人物的褶皱垂布》

实了这一经验：一件纱丽的褶皱数目和形状会因每一步行走或些微气流而发生变化。

对于莱昂纳多·达·芬奇而言，科学和观察是密不可分的。他努力通过多种细节来描绘一个现象，从而理解它，而《窗帘》也并不违背法则。多亏了塞尔达和马哈德万的方程，他不再需要实物了。这些方程现在为服装制造商所用，他们的顾客在有成品之前，就可以在电脑上看到是否合身了。

塞尔达和马哈德万耿耿于怀……因为诺贝尔奖的评委（它奖励那些"莫名其妙的研究"，它们"初看好笑，继而引人思考"）在2007年授予他们的是物理学奖！

看不见的酒杯

一个 4 世纪的罗马玻璃酒杯的颜色会随光线而变化。

这一现象可以通过"表面等离子体"、电子波来加以解释，

物理学家希望用它们来设计镜片、更为灵敏的探测器，以及……隐身披风！

古代的艺术和新近的科学能够和睦相处。最显著的证据之一就在伦敦的大英博物馆里头：来库古（Lycurgue）的酒杯，制作于约 4 世纪的罗马。在这件 16.5 厘米高的物品上，画着的是《伊利亚特》讲述的神话故事。来库古士是公元前 8 世纪色雷斯人的国王，这个易怒的人袭击狄奥尼索斯和他的情妇之一，女祭司安布罗西亚（Ambroisie）。后者去寻求帮助，得到的帮助是自己变成了葡萄树。因为来库古的疯狂，葡萄和葡萄酒之神同牧神、林神一起对他进行惩罚，变形之后的安布罗西亚趁机缠住了他。这一故事在罗马人中流传，被用来影射皇帝李锡尼（250—325）324 年在君士坦丁大帝面前的败北。在这幅画中，哪里出现了物理学呢？

它体现在光线之中。事实上，当由玻璃制成的酒杯从外部被照亮时（光线受到了反射），它就成了绿色、甚至是不透光的了。相反，当光源处于内部（光线是被传导的），杯子就会成红色、半透明的。这样的一种玻璃被称为茶色玻璃，同上光的陶瓷制品一样，都是古代具有结构色的物品的例子，所谓结构

哈利·波特的隐身斗篷不再属于虚构，至少理论上并非如此。

色是由光线和被照亮的材料的相互作用所形成的，无关乎颜料。有些蝴蝶的翅膀同样具有结构色，比如大闪蝶。

罗马的手艺人使用过的一种玻璃，其构成在20世纪80年代末才被搞清楚：它含有金属纳米粒子（直径从50至100纳米）。这里的金属是一种黄金和白银的合金，其（质量）比例为七比三，此外它还含有少量的铜。存在于这种玻璃（一种绝缘体）中的这些成分导致了等离子体和电子波的形成，后者在这种材料中传播。它们通常出现在含有足够多的自由电子的固体中，诸如具有高密度传导电子的金属，例如黄金、白银、铜、铝……

这一现象是在20世纪80年代被发现的，当时的物理学家指出，当人们照亮一种金属和一种绝缘体——比如空气和玻璃——之间的分界面的时候，便

外部照亮

内部照亮

来库古的高脚杯，罗马，4世纪

在光波和自由电子之间创造了一种共振相互作用：这些电子的震荡和电磁波场域的震荡相一致。在这些状态中，具有电子密度的波沿着分界面传播，这就是表面等离子体。

在来库古的酒杯的玻璃中（上页），金属粒子的等离子体激发表现为（蓝的和绿的）光的短波的吸收和传播。因此，从外面被照亮时，玻璃就呈绿色（人们感知到的是被反射的波），但从里面被照亮时，它就呈红色，因为它只能传导最长的波长（红色），其他的都被吸收掉了。

金宝石（也被称为茶色玻璃）的源头扑朔迷离。在一些专家看来，考虑到黏土板提到了"人造珊瑚"，所以亚述人应该具备了这方面的知识。然而，在已知的金宝石制成品中，来库古的酒杯依然是最为古老的。

制造工艺在接下来的几个世纪中失传了，直至 17 世纪的波希米亚，才被一些玻璃工匠重新发现。1979 年出版的《玻璃的艺术》（*Ars vetraria experimentalis*）一书提供了方法：让黄金溶解在王水（一种盐酸和硝酸的混合物）里，然后注入融化的玻璃中。金宝石的生产在 19 世纪的英国达到了巅峰。今天，娇兰和克里斯蒂安·迪奥等化妆品制造商会把它用在自己的某些瓶子上。

2008 年，法国博物馆研究和修复中心（C2RMF）的文森特·雷隆指出，某些考古物品的抛光（或者说是珐琅，即涂层的玻璃化，让陶瓷原料变硬）也为离子体效应所美化：我们可以观察到彩虹的现象。最为古老的证据是一个 9 世纪的盘子，发现于伊拉克的萨马拉（Samarra），阿拔斯（Abbassides）王朝的旧都城。

自 20 世纪 80 年代以来，表面等离子体是由物理学家（他们谈论的是等离子体）研究的，他们设想出了大量的应用，比如超高速晶片。此外，对这些等离子体的开发可以提升显微镜、发光二极管（即 LED）的效能，也包括了某些化学和生物探测器。

在一项更具探索性的应用中，某些用显微镜才能看得到的粒子（为黄金所覆盖的直径为 100 千分尺的硅石粒子）为等离子体共振加热，它们吸收光，比如红外线激光的光，同时不损害健康组织便能破坏癌细胞。

更为重要的是，我们可以凭借某些等离子体材料，让一些物体变得不可见，因为前者使得光绕过了那些物体。在 2006 年，伦敦帝国学院约翰·潘德瑞的团队指出，用超材料做成的壳会使电磁波在球形区域发生偏折。赫伯特·乔治·威尔斯的隐身人和哈利·波特的隐身斗篷至少在理论上不再属于虚构。假如来库古拥有这样的力量，他肯定能躲过狄奥尼索斯的惩罚。

路易十五的幽灵

在一幅寓意肖像画中，夏尔·阿梅代·菲利普·梵罗隐匿了被称为宠儿的路易十五的形象：他只通过一个多面体镜片现身，其"魔术般的"功能的基础是折射法则。

歪像是一种光学机制，画像的透视因之而被扭曲。画像同其意义只有在某个给定的角度之下，或因为某种"解码器"，比如某一面镜子，才会显现出来。已知的最古老的歪像还要归功于列奥纳多·达·芬奇：那是一个小孩的眼睛的歪像，它出现在 1485 年的《大西洋古抄本》中。最著名的歪像之一出现在画作《大使们》的下半部分，它出自德国画家小汉斯·霍尔拜因（1498—1543）之手。在这幅陈列于伦敦国家画廊的画中，两个人物脚下的长方形从贴着地面的角度去看，就会成为一个头颅。这些例子都是简单或者直接的歪像。但我们从中可以区分出其他两种类型。

镜子歪像（我们也称之为反射歪像）必然要求一个反光的圆柱体或锥体，上面能出现"正常的"图像。变形了的图像被画在了一个表面上，表面所在的位置是被用来安放镜子的。在 17 和 18 世纪，这一歪像的技法促进了讽刺画、浪漫剧……的普及。

最后，折光的歪像最为引人注目。一个例子是凡尔赛的城堡：由夏尔·阿梅代·菲利普·梵罗绘于 1742 年的《路易十五寓意肖像画》（第 195 页）。伊莲娜·德拉莱克斯研究过这幅作品，她是凡尔赛城堡的遗产负责人。我们可以从中看到什么呢？

宽容女神表现为一个女性人物，她的一只手放在一个巨大的衬着三朵镶金百合花的金边盾牌上。在她四周，画的是正义女神（底部右侧）、军人（在宽容女神身后，拿着长枪和旗帜）、勇士（军人背后的战士）、英雄形象（用手持一根狼牙棒和三个金苹果的大力士象征）、战无不胜的象征（由手里拿着一根树枝的米涅尔瓦代表）和慷慨女神（左侧的年轻姑娘）的寓意画。那路易十五呢？

画家将其作品的奥妙告知了他的代理人巴拉尔，后者则将信息转达给了马赛绘画学院："这些美德的化身有助于训练国王的头脑。"实际上，透过一个嵌入管中的多面体透镜（就像制作望远镜），其笔下美德化身的不同部分被该装置折射，并且集中在

图 1. 对路易十五隐秘的肖像画的信息科学重建。

图 2. 其他的折光歪像的例子：基于奥斯曼土耳其人形象碎片的路易十三肖像画。

夏尔·阿梅代·菲利普·梵罗（1715—1795），《路易十五的寓意肖像画》

位于盾牌中心的君王肖像上（图1，第194页，一项由 H. 德拉莱克斯实现的信息科学的重建）：

> 宽容女神向国王提供了脸颊、眼睛的一部分、一只耳朵和一条眉毛；正义女神献上了一只眼睛的一部分；军人让出了脖子和嘴；英雄形象分享了他的小脸、嘴巴、脖子和鼻孔；战无不胜的象征提供了一只眼睛的一部分；慷慨女神也分享了一只眼睛以及鬓角；一只狮子出现在鬓角和前额；最后，面具在前额和眉毛处发挥作用。

没有什么是偶然的！梵罗指出，正义女神向路易十五的脸提供了一部分眼睛，因为"什么都逃不过正义的注视"。同样，军人让出了"用于下号令"的嘴巴。

兄弟会的神父让·弗朗索瓦·尼塞隆（1613—1646）的《奇异的透视》是首部研究光学效应的著作，出版于1638年，他在书中对这些折光歪像进行了理论化。笛卡尔关于折射的研究最早出现的地方之一就是这本书，他的这项研究于前一年发表在《折光学（折光面是分隔两种介质的表面）》上。注意，折射是光从一种介质转入另一种介质时发生的偏斜，比如从空气到水里：将一根棍子放进水中，但让它的一头露出水面，棍子看上去就像折断了。阿拉伯数学家伊本·萨赫勒于10世纪末对该现象进行了描述。尼塞隆提供了数个折光歪像的例子，其中路易十三的肖像画是通过奥斯曼土耳其人的形象碎片获得的（图2）。

以一种让人震惊的方式，《路易十五的寓意肖像画》表达了笛卡尔的疑问，被他置于自己思想的核心处。在这位哲学家看来，我们应该怀疑我们的感官，因为它们有时候会犯错，视觉上的那些幻觉便是明证。棍子在水中折断的映象甚至让他去质疑：我们的感官是否一直在欺骗我们？路易十五并不费心于这样的思考，他对自己迷人的肖像画"满意，非常满意"。

棍子、绘画和流体力学

杰克逊・波洛克使用在罐子里浸湿的棍子，
让画流动了起来。他因此成了流体力学法则的法官，尤其是这样一些法则，
正是它们解释了服从地心引力的流体的表现。

　　艺术家有时候会面对自然现象，这些自然现象是由物理法则支配的。我们因而可以区分出多种关系。我们以流动为例。莱昂纳多・达・芬奇通过不同的研究，力图理解流体的运动，尤其是湍流。许多画家都画过波浪和急流的涌动……但是很少有人成功地用写实主义的方法将它们描绘出来。这些属于流体力学的运动尤其不服画笔的管教。

　　物理学科和艺术之间的关系并不只体现在绘画的困难上，有时也会通过意想不到的方式体现。因此，用流体运动的分析工具来探索某些艺术家的作品乃是合情合理的。美国波士顿学院的安德烈・赫奇斯基、克洛德・赛努奇同哈佛大学的拉克什米纳拉亚南・马哈德万所从事的正是这样一项活动。他们对美国人杰克逊・波洛克 的画作充满了兴趣。

波洛克推翻了艺术法则，但无法超越物理法则。

　　在 20 世纪 40 年代，这位艺术家投资了长岛的一处古老而巨大的谷仓，他在那里投身于超大尺寸绘画的创作。为了达成目标，好几平方米面积的画布被铺在了地上。波洛

克同样放弃了画笔，并发展出了一种新的技法（滴水）：他把一根棍子浸在一个涂料罐子里，快速取出来之后，任由颜料流到画布上，与此同时移动棍子。画布上因此布满了纵横交错的颜料点滴，以及各种连续的、蜿蜒的和波浪形的线条，《汇聚》（下页）就是集大成者。

这位画家因此颠覆了艺术的美学标准，而他所使用的方式对于物理学家而言尤其具有吸引力，因为他借用流体力学的自然规律完成了画作，这些规律无意间成了他的合作者……通过分析波洛克 20 世纪 40 至 50 年代的画作中所使用的技法，安德烈·赫奇斯基和他的同事们想了解的是，哪些部分是出自这位画家之手的。

让我们从颜料集中和分散的步骤开始。我们用棍子取出了多少量的颜料呢？对于一个半径为 r_0 的圆柱形棍子而言，它和附着其上的颜料（图 1，201 页）的厚度 h 成正比。这一参数取决于多个因素，尤其是浓度 ρ，黏度 μ 和从罐子中取出棍子的速度 u_0。我们这样来计算，h 取值约为 $\sqrt{v\mu_0 lg}$，v 为所谓的颜料（μ/ρ）的动力学的黏度，g 则代表了重力的加速度。在更简单的例子中，当棍子被垂直取出时，被提取的颜料的体积 V 大约等于 $r_0 Lh$，L 是被涂到的棍子的长度。

一旦棍子脱离了罐子，一条流注便在重力作用下形成了，它的流量因此可以被表达为：$r_0 \mu_0^{3/2} \sqrt[3]{v/g}$ 我们从中推断出，我们越快取出棍子，颜料的薄层便越厚，流量 Q 也越快。此外，Q 取决于运动学黏度，这说明的是，黏度的增加会提升流量，因为流体的量较多。波洛克经过反复探索，无疑察觉到了这一联系。事实上，我们知道，他借助水和溶剂调整黏度，对它们的混合物进行测试。一旦流注形成，

杰克逊·波洛克（1912—1956），《汇聚》

他便可以从侧面或者在画布上方几厘米到一米处，由上至下地摇动棍子，以此控制它。很多照片和影片表现了他调节流体流动的样子。

我们可以在波洛克的多幅画作中观察到摇摆不定的主题（图2）。这些痕迹来自这样一种喷射的不稳定性，它表现为颜料细流的涡旋（类似于水管的不稳定性），这一运动和棍子的移动结合在了一起。在这些情形中，痕迹的形态依赖于一个（非量纲）参数，即所谓的斯特劳哈尔数（标注为 St），它和涡旋的角速度关系紧密。

当 St 等于 0 时，痕迹便是圆形的，不存在横向的运动。当 St 增加时，痕迹便像一系列的环状，它们互相交叠，直至 St 等于 1，痕迹因此是由点构成的曲线。这一曲线而后就成了一条正弦曲线，

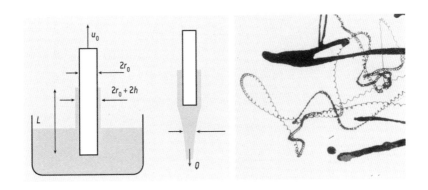

图 1. (左) 浸入长度为 L 的颜料罐里的棍子。左侧。当我们取出半径 r_0 的棍子时，被提取的颜料体积的数量级为 r_0Lh，其中，h 是附着上去的颜料的厚度。右侧。随着流体逐渐脱离棍子，它的速度因为重力而增加：其流量维持不变，我们可以观察到细流部分在缩减。我们取出棍子的速度越快，流量 Q 就越快。

图 2. (右) 波洛克一幅画作的细节。摇摆不定的主题肇因于喷射的不稳定，以及棍子的移动。

当棍子的移动速度提升时，它甚至成了一条直线。这些不同类型的主题（环状、点和正弦曲线）是可见的。人们在观察到它们的同时，可以推测出波洛克手臂速度的变化。尤其是，当他为了在另一个方向重新开始而降低速度时，他便会突然停下。

　　波洛克和古典技法进行了决裂，推翻了艺术的准则，但是他无法超越物理学的法则。尽管如此，对他的技法所做的分析表明，他以直觉的方式把握规则支配着流体在重力作用下的掉落。

量子艺术诞生了

如何解释量子世界奇特的现实？

一个成了雕塑家的物理学家用许多作品作出了回答，

尤其是描绘粒子自旋的系列。

1999 年，维也纳大学安东·塞林格的团队通过富勒烯 C_{60} 得到并显示出了数种干涉图形。在这个时代，这是最大的显示波粒二象性的物体，该性质最初被认为属于光子，之后，路易·维克多·德布罗意又将之拓展到了物质上。直至奥地利团队的研究表明，只有电子、氢原子和所有的小分子才会表现出这一量子运动。这一纪录自 2012 年以来由 $C_{48}H_{26}F_{24}N_8O_8$ 分子所保持，这是一种酞菁（一种蓝绿混合染色剂）的衍生物。

朱利安·沃斯—安德里亚是这一突破的开创者之一。为了投身雕塑，他自那之后便离开了实验室，并旅居美国。而今，他获得诸多机构的青睐：位于明尼阿波利斯的明尼苏达大学，位于新泽西的罗格斯大学，位于俄勒冈的波特兰社区学院，位于佐治亚的科技学院……

2009 年，在位于马里兰州帕克分校的美国物理学中心，他组织了"量子物体"展。其基本观点是，"艺术比起科学能更为巧妙地呈现现实的诸多方面"。我们尤其可以在《量子围栏》（*Quantum Corral*）中看到这一点，这件木制雕塑表现的是沉积在铜表面的铁原

子环电子的密度。让我们在一件
作品上停留片刻，这就是《自旋
家族》系列（第216和217页）。

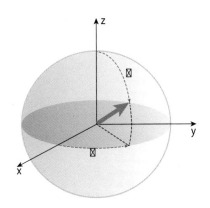

在这些雕塑中，自旋的概念是
通过圆形结构上的丝线来表达的。

这些物体被认为是用来说明
自旋的概念的，一种粒子的量子
属性。自旋是由沃尔夫冈·泡
利在1924年就电子问题而提出
来的，为的是解释一种实验结
果，即异常塞曼效应，它所描
述的是磁场对于原子所发射的
光的影响。

自旋符合一个粒子内在的角动量。确切地说，它所要讨论的不
是一种旋转：自旋是一种纯粹的量子属性，并不等同于经典物理学。

《自旋家族》的雕塑表现的是基本粒子的两个大家族，即费米
子和玻色子，它们之间的区别取决于自旋的值。朱利安·沃斯—安
德里亚通过对两种颜色的使用，将这一区分了这两个种类（阳性和
阴性）的东西进行了对照。

费米子是蓝色的，是物质的构成成分：这些是轻离子（电子、
介子、中微子……），以及六种夸克 (u, d, s,
c, b 和 t)。只有第二类遵从强相互作用，是
四种基本的自然力之一。费米子具有一个半
整数（1/2, 3/2, 5/2）的自旋，比如电子是
1/2。

一个布洛赫球。它表
现了一个二能级量子
系统的纯粹状态。

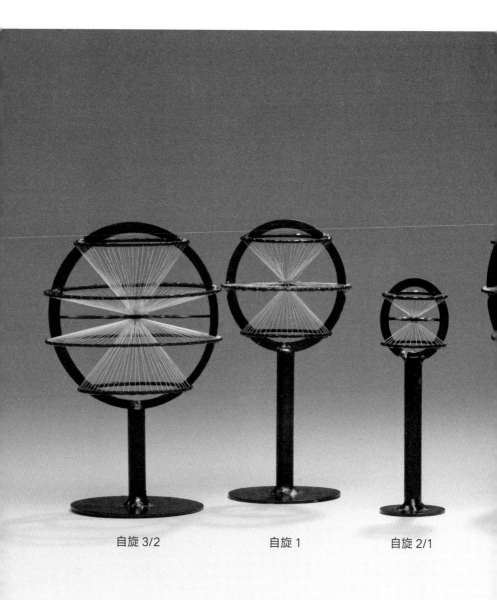

自旋 3/2   自旋 1   自旋 2/1

自旋 2

自旋 5/2

朱利安·沃斯—安德里亚，《自旋家族》

205

玻色子是粉红色的，是基本力的矢径。我们都知道光子、胶子、Z、W⁻和W⁺玻色子，以及希格斯玻色子，它们的存在于2012年7月得到了确证。一个玻色子的自旋是一个整数 (0, 1, 2……)。譬如，希格斯玻色子有一个自旋等于零。

如何表现一个玻色子呢？在投射到一个给定的轴上时，一个自旋J只能获得2J + 1 的值 − J, − J + 1,……J − 1, J。这和某些方向相符，我们可以在所谓的布洛赫球面上把它们画出来（第203页，θ 和 φ 角规定了方向）。朱利安·沃斯—安德里亚从中得到启发，他在一个圆形结构上编了一条蓝色或粉红色的丝线。由此而形成的锥体因而说明了一个给定自旋所有可能的状态。粉红色的物体（玻色子）具有圆平面，它符合等于零的自旋投射，而蓝色的物体（费米子）则不具备圆平面。

奇偶属性又如何呢？两个相同的费米子不能在同一个量子状态中共存，因为它们服从泡利的不相容原理。这些粒子"在一个位置是互相排斥的"，因此便是阳性的。两种属性之间的区分是否就是量子的起源呢？

苦行僧的裙子：
然而，它转动了起来……

让－莱昂·热罗姆致力于去解释，当旋转的苦行僧在跳舞时，他们的裙子具
有何种形状。物理学家近来展示了那些造成裙子旋转的力。画家所描绘的场
景是否符合模型呢？

1852 年，画家让－莱昂·热罗姆受拿破仑三世的艺术总监阿尔
弗雷德·艾米里安之邀，去完成一幅巨幅壁画，它将在 1855 年的
世博会上展示。该画描绘了奥古斯都所开创的罗马和平以及耶稣的
诞生，于 1864 年被送至亚眠博物馆并对外展示。

这幅《奥古斯都的世纪和基督的诞生》在评论界反响平平，但
为画家带来了足够宽裕的收入（当时的 20000 法郎），这让他自
1853 年起得以在东方闲荡，他还去了土耳其的君士坦丁堡。和他结
伴旅行的是法国演员埃德蒙·戈。这位画家在接下的一年里重回土
耳其，并在 1856 年抵达埃及。

这些岁月明显让他深受启示，他画满了许多本素描册，用众多"东
方主义"绘画去表现伊斯兰信仰的方方面面，风俗场景，以及北非
的风景。我们可以举出《土耳其浴室》《逗蛇人》《开罗地毯商》……
为例。

在其中的一幅《旋转的苦行僧》（1889）上，他描绘了梅芙雷

让 - 莱昂·杰罗姆（1824—1904）
《旋转的苦行僧》

维修会的一个成员——由贾拉勒·丁·鲁米（第 208 和 209 页）于 13 世纪在科尼亚（Konya）（土耳其）创立的修会。这个宗教团体直至 1920 年主要在奥斯曼帝国发展，它还扩展到了巴尔干半岛国家、叙利亚和埃及。1925 年，修会在土耳其被宣布为非法，而后又在 1950 年被宣布为合法。

"苦行僧"（波斯语中的穷人或者乞丐）这个术语指的是这样一种个体，他遵从苏非派教徒的苦修方式，而修饰语"旋转的"指的是一种修会的仪式性舞蹈，le samā'（或 sema）。在跳舞的时候，信徒双臂交叉，手放在肩部，开始慢慢旋转，而后伸展双臂，右手指向天空，左手指向大地。在这个姿态中，苦行僧象征着宇宙的轴线。这些舞者一边围着自己转，一边围着房间转。

一开始的两种舞蹈是共同进行的，而后第三个人加入：这或许是我们在热罗姆的画作上发现的。我们要指出的是，这种做法未受正统伊斯兰教认可，它在 2008 年入选了联合国教科文组织的非物质文化遗产。

在舞者转动的时候，他们的白裙子也旋转着，形成了由织物波动所构成的一个锥形。从这个角度来看，这幅画是写实主义之作吗？就此问题的回答来自他们的研究：马丁·迈克尔·穆勒，来自梅斯的罗兰大学；杰马尔·古文，来自墨西哥自治大学；詹姆斯·汉纳，来自美国的弗吉尼亚理工学院。他们研究了舞者旋转运动中裙子形成的形态。

裙子的形状只出现在模拟中，因为要考虑到科里奥利力，它解释了旋风的形成。

在运动中（我们可以在网上找到许多视

频），这种服装形成了一种稳定的形状，它由 3 个略微凹陷的面（有时候是 4 个，甚至更多）所构成，并由从裙子的裙腰贯穿至底部的皱襞所分割。这些褶皱就像一座金字塔（最常见的是一个四面体）的棱边，它的顶端和舞者的腹部叠合。舞者和裙子因此大约每秒转一圈，而金字塔的形状旋转的频次则更低。

为了理解这一形状，物理学家们研究了经过简化的模型，他们在其中忽略了重力，裙子的材料的硬度，它和四周空气的相互作用……而后发现，这个形状只在这样的情况下才出现在他们的计算中，即当他们考虑到了科里奥利力，一种所有在旋转的系统中运动的物体都会承受的惯性力。科里奥利力和地球的旋转密切相关，它解释了大范围的大气层与海洋气流的旋转方向，飓风就是一例。

它同样对裙子的形状起作用。事实上，当科里奥利力从物理学家的模型中被去除时，金字塔形状便消失了。

让我们回到热罗姆的画作。他所画的裙子本身是否符合物理学家的发现呢？一言难尽，但是金字塔形状看来与之并不相符。然而，在马丁·迈克尔·穆勒看来，为了准确地回答这个问题，我们需要的是有关舞者被画下来的那一"瞬间"之前的运动信息。很有可能的是，苦行僧此前并不是按照不变的速度旋转，这就解释了可以从四面体图案上观察到的扰动。站在画家的角度来看，我们能想象得到，画出一个运动中的苦行僧是多么艰难！

比黑色更黑

最好的商用黑色颜料对于艺术家费德里克·德·王尔德而言还不够黑。为了
满足他的探索，他向物理学家们求助，
后者为了获得完全的黑色，用碳纳米管进行研究。

1979 年 1 月，法国画家皮埃尔·苏拉热（他的陈列馆于 2014
年在罗德兹开放）因位于阿韦龙（Aveyron）的孔克修道院的彩画玻
璃窗而知名，正是他发明了超黑色（outrenoir）。其创作方式是：
在画布上的那一层黑色颜料上刻出切口、沟槽……这些各式各样的
凹凸影响了光的反射，并造成了光影间的对比。他的画作因此是单
色调的，但并不是单色的，确切地说，这一术语为法国人伊夫·克
莱因（1928—1962）的蓝色系列，或者俄罗斯人卡西米尔·马列维
奇（1879—1935）的《白底上的白色方块》所独有。黑色也是比利
时艺术家费德里克·德·王尔德念兹在兹的，他满脑子只想着得到
最黑的黑颜料。在搞明白他如何下手之前，我们先回想一下黑色颜
料是由什么构成的。从光学角度来说，白色能反射所有可见光（从
红色到紫色）光谱的组成部分，而黑色则吸收它们。问题因此是颜
色的缺失，一种黑色颜料因为反射了不多的可见光，所以才是黑色的，
无关乎光从哪个角度到达其表面。自从有颜料之初，为了获得黑色
颜料，各种配料都被用上了，最为古老的是炭黑颜料（烧焦的木头，
但燃烧并不完全），我们可以在我们祖先的壁画中找到其痕迹。这

些黑颜料的性质会根据烧焦的材料而变化：葡萄树、果核、软木……某些是通过加工动物材料获得的，比如象牙、鹿角和犀牛角。

面对完全的黑色，眼睛失去了辨识能力，并感受着黑洞。

而后便有了沥青黑、烟黑（来自煤烟）、石黑……最后便是合成颜料。我们可以列举氧化铁、黑色尖晶石（一种金属氧化物的混合）、苯胺黑颜料等。然而，多数商用黑色颜料会反射 10 % 的光线，最好的则反射 2.5% 的以直角角度抵达表面的可见光。为了提高成效，我们应当转向物理学实验室。

2002 年，来自英国特丁顿（Teddington）的英国物理实验室的理查德·布朗团队提出一种新的方法来获得超黑（ultranoire）的表面。其原理基于化学腐蚀，用到了硝酸、镍与磷合金。他们的工作旨在通过寻求合金磷的理想浓度，对这一众所周知的程序进行优化。当这一浓度高于 8%，经过腐蚀的合金表面便形成石笋化结构。相反，

a

b

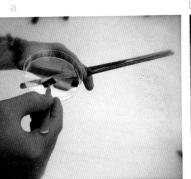

超黑的秘密。这种物质反射出去的光如此之少，以至于都看不见它的褶皱了。为这种材料所覆盖的三维的物体因此看起来是平面，没有凹凸（a）！这种材料的秘密在电子显微镜下被揭示了出来（b）：周期性的纳米管簇沿着其纵向轴线指向硅表面。这个管簇"俘获"了进入的光线。

费德里克·德·王尔德，2012，《抵押品第一部分，及扫描1.0》

如果只有 6%，那么经过腐蚀的表面就会形成窟窿。对于吸收光线而言，后一种情况要有效得多。

事实上，比起最好的颜料来，由此而获得的超黑涂层少反射了7 倍的、以直角方向（0.35% 对 2.5）射中它的可见光，而在 45 度斜入角的情况下，则少反射了 25 倍。

但是，这对于费德里克·德·王尔德而言还是远远不够的。2010 年，他向美国特洛伊市（Troy）伦斯勒理工学院普力克尔·阿加亚的团队求助。这些物理学家开发了一种由垂直排列在表面的碳纳米管所构成的材料。这就是最为"黑暗"的材料：它吸收了所接受的光的 99.9%。这比黑炭高 30 倍，比理查德·布朗设想的镍与磷的合金高 3 倍，而上述这些曾是纪录的保持者。这是一片纳米管的森林。

这种材料证实了伦敦帝国学院的英国物理学家约翰·潘德瑞所提出的假设，他也是材料和"隐身斗篷"的专家。材料的制造由此展开了。首先，一个硅表面被置放于一间洒满了离子的房间里，这些离子将起到制备表面之用。接着，在另一个区域内，一种催化剂将碳固定在了硅上。结果便是一种极深的黑色（第 213 页），即某种"纳米管簇"。所获得的样品之一，乃是一种名为"抵押品第一部分"（上页）的装备的核心组成。这些研究在 2010 年的电子艺术节中获奖。除了出于技术突破和艺术家的兴趣，接近完美的黑色颜料的覆盖层具备很多应用，比如在性能优良的太阳能传感器的设计中。它同样被用在多种仪器中，以减少多余的光，诸如望远镜或者宇宙飞行器的导航系统。

此外，这也是费德里克·德·王尔德希望有朝一日能画出来的黑色空间，他因而成了克莱因的后继者，后者于 1948 年完成的首批单色画，其灵感就来自天空的蓝色。他探索着"纯色的世界"，而这个比利时人探寻的则是"纯粹的无色"。

Références bibliographiques

Plantes et animaux

L'épopée de l'aubergine sauvage
Jin-Xiu Wang et al., *Annals of Botany*, vol. 102, pp. 891-897, 2008.

La formule de l'arbre
Ch. Eloy, «Leonardo's rule, self-similarity and wind-induced stress in trees», *Physical Review Letters*, vol. 107, iss. 25, décembre 2011.

La carte et le castor
T. Brook, *Le chapeau de Vermeer. Le XVIIe siècle à l'aube de la mondialisation*, Payot, 2010.

Le cheval impossible
Ch. Degueurce et H. Delalex, *Beautés intérieures. L'animal à corps ouvert*, RMN, 2012. Exposition Beauté animale, aux Galeries nationales du Grand Palais, du 21 mars au 16 juillet 2012.

Les tournesols mutants
M. Chapman *et al.*, «Genetic analysis of floral symmetry in Van Gogh's sunflowers reveals independant recruitment of CYCLOIDEA genes in the *Asteraceae*», *PLoS Genetics*, vol. 8 (3), e1002628, 2012.

La pomme d'adam est un citron
D. Huylebrouck et B. Mecsi, *Het Fruitmysterie van het Lam Gods*, eos, Anvers, juin 2011.

Des bulbes, une bulle et des virus
M. de Kock *et al.*, «Non-persistent TBV transmission in correlation to aphid population dynamics in tulip flower bulbs», *Acta Horticulturae*, vol. 901, pp. 191-198, 2011.

Le mystère de la pastèque blanche
H. Paris, «Origin and emergence of the sweet dessert watermelon, Citrullus lanatus», *Annals of Botany*, vol. 116 (2), pp. 133-148, août 2015.

Mathématiques et informatique

Moirés et art optique

V. Vasarely, *Monographie*, vol. 1, Éditions Griffon, Neuchâtel, 1965.

Fondation Vasarely, site Internet: *www.fondationvasarely.com*

Les mystérieux sona

P. Gerdes, *Une tradition géométrique en Afrique, les dessins sur le sable*, t. 1, L'Harmattan, 2000

Des carrés et des arbres

Le site de l'exposition *Treemap* par Ben Scheiderman: http://bit.ly/1q7QAxg

Le catalogue de l'exposition: http://bit.ly/1rG27TX

Cinq siècles d'avance!

P. Lu et P. Steinhardt, «Decagonal and quasi-crystalline tilings in medieval islamic architec- ture », in *Science*, vol. 315, pp. 1106-110, 2007.

Une garde-robe mathématiquement inspirée

É. Ghys, Géométriser l'espace: de Gauss à Poincaré, *Dossier Pour la Science n° 74*, janvier 2012.

L'erreur de léonard

D. Huylebrouck, *Een fout van Leonardo da Vinci*, EOS, avril 2011.

Astronomie

Rendez-vous avec la lune... ou le soleil

Donald Olson, Russell Doescher et Marilynn Olson, «Dating van Gogh's Moonrise», in *Sky & Telescope*, pp. 54-58, juillet 2003.

La lune escamotée

D. Olson et al., «Reflections on Edward Munch's Girls on the Pier», in *Sky & Telescope*, pp. 38-42, 2006.

Astronomie dans le décor... à Versailles

http://sciences.chateauversailles.fr

Le soleil, vu de près!

Turner and the Elements, pp. 52-64, Bucerius Kunst Forum, 2012.

La conférence d'Herschel du 16 avril 1801 en intégralité: http://tinyurl.com/d9verck

Le retour de la grande comète de 1680?

Un site de la NASA est dédié à l'observation de la comète ISON. Il contient de nombreuses références : *http://www.isoncampaign.org*

La première Voie lactée réaliste

J. Parks, «Adam Elsheimer : Rich and magical storytelling», *American Artist*, vol. 71, pp. 36-45, 2007. F. Bertola, Via lactea, Biblos, 2004.

Géographie et climat

Les harenguiers de delft

T. Brook, *Le chapeau de Vermeer. Le XVIIe siècle à l'aube de la mondialisation*, Payot, 2010.

La table qui se prenait pour un manuel de géologie

«Le luxe, le goût, la science...», Neuber, orfèvre minéralogiste à la cour de Saxe, du 13 septembre au 10 novembre 2012, à la Galerie J. Kugel, 25, quai Anatole France, 75007 Paris.

Alerte à la pollution en rouge et en vert

Ch. Zerefos *et al.*, «Further evidence of important environmental information content in red-to-green ratios as depicted in paintings by great masters», *Atmos. Chem. Phys.*, vol. 14, pp. 2987-3015, 2014.

Tous les chinois disent i love yu

Q. Wu *et al.*, «Outburst flood at 1920 BCE supports historicity of China's Great Flood and the Xia dynasty», *Science*, vol. 353, pp. 579-582, 2016.

Une date qui impressionne

Impression, soleil levant, l'histoire vraie du chef-d'oeuvre de Claude Monet, musée Marmottan Monet, Paris, du 18 septembre 2014 au 18 janvier 2015.

Les errances du jeune Werner

Musée de minéralogue de l'école des Mines de Paris: www.musee.mines-paristech.fr

L'humain: cognition, perception, médecine

L'adn fait bonne figure
P. Claes *et al.*, «Modeling 3D facial shape from DNA», *PLoS Genetics*, vol. 10 (3), e1004224, 2014.

F. Liu *et al.*, «A genome-wide association study identifies five loci influencing facial morpho- logy in Europeans» , *PLoS Genetics*, vol. 8 (9), e1002932, 2012.

Un strabisme avantageux
C.-B. Huang *et al.*, «Broad bandwith of perceptual learning in the visual system of adults with anisometric amblyopia», in *PNAS*, vol. 105, pp.4068-4073, 2008.

M. Livingstone et al., *«Was Rembrandt stereoblind? »*, in *N. Engl. J. Med.*, vol. 351 (12), pp. 1264-1265, 2004.

Le maître des jeans
«Il Maestro della tela jeans», exposition du 16 septembre au 27 novembre 2010, à la galerie Canesso, 26, rue Laffitte, 75009 Paris.

Un cerveau caché dans le Vatican
I. Suk et R. Tamargo, «Concealed neuroanatomy in Michelangelo's *Separation of light from darkness* in the Sistine Chapel», *Neurosurgery*, vol. 66 (5), pp. 851-861, 2010.

La crucifixion: un supplice énervant
J. Regan *et al.*, «Crucifixion and median neuropathy», *Brain and Behavior*, publié en ligne le 18 mars 2013.

Promenade dans un paysage... épigénétique
La vidéo The Epigenetic Landscape est visible sur: www. vivomotion.co.uk/folio.html
Le site de *EpiGeneSys*: www.epigenesys.eu

Jésus est mort à 33 dents
M. Bussagli, *I denti di Michelangelo*, Medusa, 2014.

Physique et technique

Les machines de Babel
Madeleine Pinault Sorensen, « Babel en construction », in *La revue du musée des Arts et métiers*, n° 46/47, 2006.

220

Vinci dans de beaux draps

E. Cerda *et al.*, «The elements of draping», in *PNAS*, vol. 101, n°7, pp. 1806-1810, 2004.

La coupe d'invisibilité

J. Lefait *et al.*, «Physical colors in cultural heritage: surface plasmons in glass», *C. R. Acad. Sci. Physique*, vol. 10 (7), pp. 649-657, 2009.

H. Atwater, «Les promesses de la plasmonique», *Pour la Science*, n° 355, pp. 38-45, mai 2007.

Le fantôme de louis XV

H. Delalex, «Au carrefour des sciences et de la magie: le portrait caché de Louis XV», dans *Sciences et curiosités à la cour de Versailles*, Paris, RMN, 2010, p. 206-207.

Bâtons, peinture et dynamique des fluides

A. Herczynski, Cl. Cernuschi et L. Mahadevan, «Painting with drops, jets, and sheets», *Physics Today*, pp. 31-36, 2011.

R. Taylor, «Attraction fractale», *Pour la Science*, n° 305, pp. 104-105, mars 2003.

L'art quantique se tisse

Les paradoxes de la matière, *Dossier Pour la Science*, n° 79, avril-juin 2013.

J. Voss-Andreae, «Quantum sculpture: art inspired by the deeper nature of reality,» *Leonardo*, vol. 44 (1), pp. 14-20, 2011.

P. Ball, «Quantum objects on show», Nature, vol. 426, p. 416, 2009.

M. Arndt *et al.*, «Wave-particule duality of C60 molecules», *Nature*, vol. 401, pp.680-682, 1999.

www.JulianVossAndreae.com

La jupe des derviches: et pourtant elle tourne

J. Guven *et al.*, «Whirling skirts and rotating cones», *New Journal of Physics*, vol. 15, 113055, 2013.

Plus noir que noir

Z.-P. Yang *et al.*, «Experimental observation of an extremely dark material made by a low- density nanotube array», in *Nano Lett.*, vol. 8 (2), pp. 446–451, 2008.

R. Brown *et al.*, «The physical and chemical properties of electroless nickel–phosphorus alloys and low reflectance nickel–phosphorus black surfaces», in *J. Mater. Chem.*, vol. 12, pp. 2749- 2754, 2002.

Crédits photographiques（原版）

15 h et 15 b: Académie chinoise des Sciences; 19: Getty Images / e Hulton Deutsch Collection; 20: Getty Images / Bettmann ; 23 : New York, Frick Collection / Bridgeman Images ; 27 : Château de Versailles, Dist. RMN-Grand Palais / Christophe Fouin ; 30 : Seiji Togo Memorial Sompo Japan Nipponkoa Museum of Art/Bridgeman Images; 31: Mark Chapman et al.; 34: Dirk Huylebrouck; 35: Gand, cathédrale Saint-Bavon. Lecmage/ Macyaert/AIC; 38-39: Margaret Wertheim in the Fohr Satellite Reef, Museum Kunst der Westküst, Germany 2007. From the Crochet Coral Reef project by Margaret and Christine Wertheim and the Institute For Figuring. Image © IFF, Los Angeles; 44-45: Baltimore, Walters Art Museum/Bridgeman Images; 48-49: Coll. part. By Courtesy Christie's; 53: Photo © e Metropolitan Museum of Art. Dist. RMN-Grand Palais / image of the MMA. © Fundacio Gala-Salvador Dali /Adagp, 2018 ; 60 : Victor Vasarely © Adagp, Paris 2018 ; 68 : EP.1953.74.841, collection MRAC Tervuren / Photo Albert Maesen, 1954, MRAC Tervuren; 73: Ben Shneiderman; 74: Photo © Tate, Londres. Dist. RMN-Grand Palais/Tate Photography; 77: Image courtesy of K. Dudley and M. Elli ; 80, 81 et 84 bd: Issey Miyake; 82: Patrick Massot; 85: Luca Pacioli, De Divina Proportione, Venise, 1509; 86 h: Dirk Huylebrouck et Rinus Roelofs; 86 b: Milan, bibl. et pinacothèque ambrosienne. Leemage/ De Agostini/Ambrosiana; 87 h: Naples, Musée de Capodimonte. Leemage/Luisa Ricciarini; 87 b: Rinus Roelofs ; 93 : Otterlo, Rijksmuseum Kröller-Müller / akg-images ; 95 : Oslo, Nasjonalgalleriet / akg-images ; 99 : Versailles, châteaux de Versailles et de Trianon. RMN - Grand Palais (Château de Versailles) / Michèle Bellot ; 102-103 : She eld Galleries and Museums Trust / akg-images ; 106 : Rotterdam, Museum van de Stad. Photo du musée; 107: Waldemar Skorupa;110 g: Y. Beletsky (LCO) / ESO; 110-111: Munich, Alte Pinakothek / akg-images ; 116-117 : La Haye, Mauritshuis / akg-images ; 121 : Musée du Louvre, Dist. RMN-Grand Palais / Harry Bréjat; 124 h: iStock/CampPhoto; 124 b: NASA; 125: Arezzo, Basilique Saint François. Leemage/Ra ael; 128-129: Tate, Londres. Dist. RMN-Grand Palais/ Tate Photography; 133 : © Art Institute Chicago /Gift of Helen C. Gunsaulus / Bridgeman Images ; 137 h : Collection Donald Olson; 137 b: Photographie d'Albert Witz. Le Havre, Bibliothèque municipale; 138-139: Paris, Musée Marmottan Monet/Bridgeman Image; 142: Musée de Minéralogie - MINES Paris Tech; 143: Musée de Minéralogie - MINES Paris Tech; 147: Heather Dewey-Hagborg; 148: Peter Claes et al. - peter. claes@kuleuven.be ; 151 : Paris, musée du Louvre. RMN-Grand Palais (musée du Louvre) / Daniel Arnaudet / Jean Schormans; 155 et 156: Courtoisie de la galerie Canesso; 160: Musées du Vatican. Leemage / Electa ; 161: I. Suk et R. Tamargo, « Concealed neuroanatomy in Michelangelo's Separation of light from darkness in the Sistine Chapel ». Neurosurgery, vol.66 [5], pp. 851-861, 2010 ; 163 : Tolède, Museo Casa del Greco /akg-images/Erich Lessing; 168-169: Epigenetic landscape by Dr. Mhairi Towler (Vivomotion, www.vivomotion.co.uk), Link Li (University

222

Iconographie : Anne Mensior.

图书在版编目（CIP）数据

艺术与科学：从野生茄子到三宅一生 /（法）卢瓦克·芒让著；陈新华译.－－重庆：重庆大学出版社，2022.2

书名原文：Pollock, Turner, Van Gogh,Vermeer et la science.

ISBN 978-7-5689-3091-8

I.１艺... II.１卢...２陈... III.１艺术—关系— 科学—研究 IV.1TJ0–05

中国版本图书馆CIP数据核字(2021)第258241号

艺术与科学：从野生茄子到三宅一生
YISHU YU KEXUE：CONG YESHENG QIEZI DAO SANZHAIYISHENG

[法]卢瓦克·芒让 著

陈新华 译

策划编辑：姚 颖
责任编辑：刘秀娟
责任校对：谢 芳
装帧设计：韩 捷
责任印制：张 策

重庆大学出版社出版发行
出版人：饶帮华
社址：（401331）重庆市沙坪坝区大学城西路21号
网址：http://www.cqup.com.cn
印刷：天津图文方嘉印刷有限公司

开本：890mm×1240mm 1/32 印张：7.5 字数：176千
2022 年 2 月第 1 版 2022 年 2 月第 1 次印刷
ISBN 978-7-5689-3091-8 定价：68.00 元

版贸核渝字(2019)第08号